DIE NEUE BREHM-BÜCHEREI

519

AF532611

Die Segelflosser

Gattung Pterophyllum

4., überarbeitete und erweiterte Auflage

Hans-Joachim Paepke

Die Neue Brehm-Bücherei Bd. 519
Westarp Wissenschaften · Hohenwarsleben · 2003

Mit 53 Abbildungen, 3 Tabellen und 3 Farbtafeln

Titelbild: Ein Schwarm *Pterophyllum altum* PELLEGRIN, 1903. Foto: W. STAECK.

Alle Rechte vorbehalten, insbesondere die der fotomechanischen Vervielfältigung oder Übernahme in elektronische Medien, auch auszugsweise.

© 2003 Westarp Wissenschaften-Verlagsgesellschaft mbH, Hohenwarsleben

http://www.westarp.de

Satz und Layout: Gabi Severin
Druck und Bindung: Druckhaus Laun & Grzyb, Wolmirstedt

Vorwort zur ersten Auflage

Segelflosser haben in der Aquaristik immer eine besondere Rolle gespielt. »Könige der Zierfische« nannte man sie bald nach ihrer Ersteinführung für aquaristische Zwecke im Jahre 1911, sowohl wegen ihrer ungewöhnlich prächtigen Gestalt, als auch wegen ihrer anfänglichen Seltenheit und Kostbarkeit. Unter diesem Namen wurden sie zu einem bevorzugten aquaristischen Symbol und weit über den Rahmen dieses naturwissenschaftlichen Interessengebietes hinaus populär.

Nachdem man es gelernt hatte, diese schönen Fische in größerem Umfange zu vermehren, verloren sie schnell den Nimbus des Außergewöhnlichen und entwickelten sich zum Allgemeingut der Aquarianer. Heute sind sie längst Haustiere geworden, von denen bereits zahlreiche genetisch fixierte Zuchtformen existieren.

Die Bedeutung der Segelflosser liegt auf aquaristischem Gebiet, und deshalb wendet sich diese kleine Monographie in erster Linie an die Aquarienfreunde. Sie finden in ihr eine Übersicht über alle Fragen, die mit der Pflege und Zucht dieser Fische im Aquarium zusammenhängen.

Daneben kam es darauf an, die Besonderheiten der Gattung *Pterophyllum* hinsichtlich ihrer verwandtschaftlichen Beziehungen, ihrer Verbreitung und Ökologie, ihres ungewöhnlichen Körperbaues und ihrer Körperfunktionen sowie ihrer interessanten Biologie und Verhaltensweisen im Rahmen dieser Darstellung möglichst eingehend zu behandeln.

Auf diese Weise sollte ein vielseitiges Bild vom Leben der Segelflosser entworfen werden, das Antwort auf Fragen gibt, die sich dem interessierten Aquarienfreund bei der Beobachtung seiner Tiere stellen, und die über den Rahmen allgemeiner Informationswünsche nach dem erfolgreichsten Zuchtrezept hinausgehen.

Segelflosser sind seit vielen Jahren meine bevorzugten »Hausgenossen«, und aus dem Bemühen, sie durch eingehende Studien besser zu verstehen, entwickelte sich die Anregung zu diesem Buch. Neben einer Reihe eigener Beobachtungen wurde die erreichbare wissenschaftliche und populärwissenschaftliche Literatur ausgewertet. Einige Spezialarbeiten, bei denen Segelflosser nicht direkter Forschungsgegenstand, sondern nur beiläufiges Mittel zum Zweck waren, und die sich daher nicht zur Einbeziehung in diese Abhandlung eigneten, fanden, soweit bekannt, wenigstens im Literaturverzeichnis Berücksichtigung.

Mit der so gewonnenen Übersicht hoffe ich, auch den Fachkollegen einige nützliche Hinweise geben zu können, die sich noch nicht näher mit der Gattung *Pterophyllum* beschäftigt haben.

Herr H. A. PEDERZANI und seine Mitarbeiterin G. SEIDLITZ gewährten mir bereitwillig Zugang zu der umfangreichsten Spezialbibliothek und zum Bildarchiv der Redaktion der Zeitschrift »Aquarien Terrarien« Berlin. Die Firma G. BÖHM, Potsdam, stellte Tiere ihres Zuchtmaterials für fotografische Zwecke zur Verfügung.
Herr Dr. H.-G. PETZOLD, Dr. M. UHLIG und meine Frau förderten die Arbeit durch kritische Anmerkungen zum Text. Ihnen sei herzlich für ihre Unterstützung gedankt. Mein Dank gilt ebenso den Bildautoren, von denen ich besonders Herrn Dipl. Biol. W. STRAUBE, Potsdam, hervorheben möchte, der die Bilderserie von der Embryonalentwicklung der Segelflosser extra für diese Publikation fotografiert hat.

Potsdam, im September 1977 HANS-JOACHIM PAEPKE

Vorwort zur vierten Auflage

In den Jahren 1979, 1981 und 1985 brachte der A. Ziemsen Verlag in Lutherstadt Wittenberg drei nur wenig veränderte Auflagen sowie einige Nachdrucke des vorliegenden Brehm-Bandes heraus. Seitdem haben sind die Ansichten über die artlichen Differenzierungen innerhalb der Gattung *Pterophyllum* und über ihre verwandtschaftlichen Beziehungen zu den anderen Cichliden weiterentwickelt. Unsere Kenntnisse über die ökologischen Lebensbedingungen und die Gesunderhaltung der Segelflosser sind gewachsen. Inzwischen ist es auch gelungen, *Pterophyllum altum* regelmäßig im Aquarium zu vermehren, und es sind weitere Zuchtformen von *Pterophyllum scalare* bekanntgeworden. All das drückt sich in zahlreichen jüngeren Publikationen aus, die berücksichtigt wurden, um das vorliegende Buch den aktuellen Erfordernissen anzugleichen. Dazu mußten einige Kapitel neu geschrieben werden. Auch wurden einige Schwarzweiß-Abbildungen durch bessere ersetzt und drei Farbtafeln hinzugefügt. Obwohl es inzwischen auch andere Bücher zum gleichen Thema gibt, war der Verlag Westarp Wissenschaften, in dem die Neue Brehm-Bücherei nach der »Wende« eine neue Heimstadt gefunden hat, daran interessiert, eine aktualisierte vierte Auflage von »Segelflosser – die Gattung *Pterophyllum*« herauszubringen. Dafür gebührt ihm Dank und Anerkennung. Herzlich danken möchte ich auch meinen Berliner Freunden und Cichlidenexperten Dr. WOLFGANG STAECK und INGO SCHINDLER für ihre Hilfe bei der Aktualisierung und Ausstattung dieses Buches.

Potsdam, im Januar 2003 HANS-JOACHIM PAEPKE

Inhaltsverzeichnis

1 Die Gattung *Pterophyllum*

1.1 Verwandtschaftliche Beziehungen der Segelflosser zu anderen Barschartigen

Segelflosser gehören zu den ungewöhnlichsten Fischgestalten, die wir kennen. Mit ihren hohen, scheibenförmig abgeplatteten Körpern und segelartigen, verlängerten Flossen weichen sie von der ursprünglichen Tropfen- oder Spindelform der meisten Fische sehr stark ab.

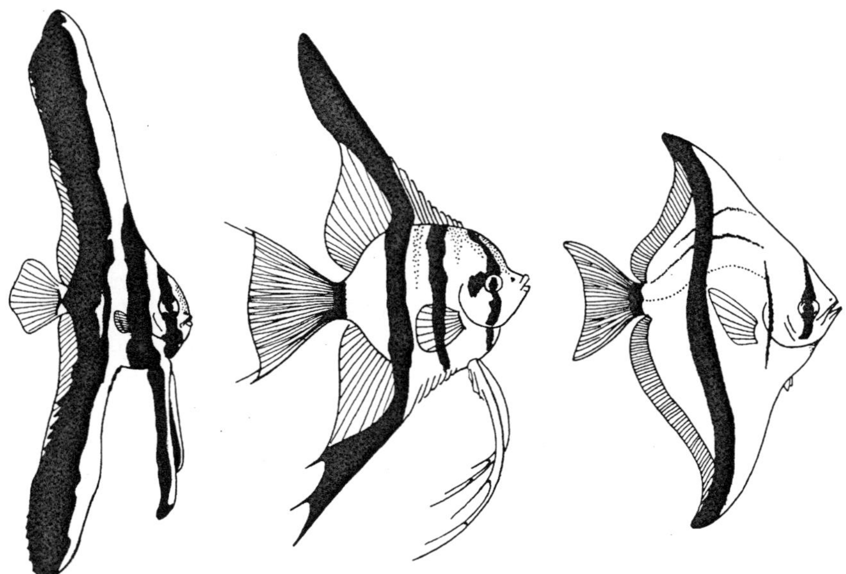

Abb. 1: Parallelentwicklung mit weitgehenden Übereinstimmungen in Körperform und Zeichnungsmuster bei *Platax teira*, Familie Ephippidae (links); *Pterophyllum scalare*, Familie Cichlidae (Mitte) und *Monodactylus sebae*, Familie Monodactylidae (rechts). Grafik: Original.

Abweichungen mit einer ähnlichen Tendenz finden wir aber auch bei den Fledermausfischen und Flossenblättern (Abb. 1). Ihre morphologischen Übereinstimmungen und Ähnlichkeiten in den Zeichnungsmustern könnten auf den ersten Blick auf verwandtschaftliche Beziehungen zu den Segelflossern hindeuten. Das trifft jedoch nicht zu, denn es handelt sich hierbei um unabhängig voneinander entstandene Anpassungen an die jeweiligen Umweltverhältnisse, also um Konvergenz-Erscheinungen.

Verwandtschaftlich haben die genannten Fische nur insofern etwas miteinander gemein, als sie in die große Ordnung der Barschartigen (Perciformes) gehören. Hier bilden die Fledermausfische die Familie Ephippidae, die Flossenblätter die Familie Monodactylidae und unsere Segelflosser gehören in die Familie Cichlidae. Die Buntbarsche oder Cichliden stehen jedoch den Brandungsbarschen (Embiotocidae), Korallenbarschen (Pomacentridae) und Lippfischen (Labridae) näher als den Fledermausfischen und Flossenblättern. Cichliden, Brandungsbarsche, Korallenbarsche und Lippfische bilden die natürliche Verwandtschaftseinheit der Lippfischartigen oder Labroidei. Sie wurde bereits von MÜLLER (1839, 1843) und HECKEL (1840) postuliert, später jedoch ungerechtfertigterweise wieder in Zweifel gezogen (siehe STIASSNY 1991).

Eigenartigerweise sind mit Ausnahme der überwiegend süßwasserbewohnenden Buntbarsche alle anderen Angehörigen dieser Gruppierung im marinen Milieu anzutreffen. Nur unter den Brandungs- und Korallenbarschen gibt es einige Vertreter, die auch brackige Küstengewässer besiedeln oder gar – wie z.B. *Hysterocarpus traski* – Süßgewässer okkupiert haben. Ferner ist von den Arten der als ursprünglich geltenden indischen Cichlidengattung *Etroplus* und der madagassischen Gattung *Paretroplus* bekannt, dass sie von Süßgewässern aus ins Brackwasser vordringen. Insofern gibt es neben morphologischen Übereinstimmungen auch ökologische Ähnlichkeiten zwischen den Buntbarschen und anderen Labroidei.

Durch welche Merkmale unterscheiden sich die Buntbarsche von den anderen Percoidei? Oder mit den Worten der bekannten Cichlidenforscherin Dr. MELANIE L. J. STIASSNY (1993) gefragt: What makes a cichlid a cichlid (was macht einen Cichliden zum Cichliden)? Es sind zunächst zwei äußere Merkmale, die ein relativ einfaches Erkennen ermöglichen: Die »unterbrochene« Seitenlinie, das heißt, die Sinnesporen des Seitenlinienorgans verlaufen, von einzelnen Ausnahmen abgesehen, in einer vorderen oberen Reihe und in einer hinteren etwas tiefer liegenden Reihe (Abb. 2). Ferner eine einfache Nasenöffnung auf jeder Seite des Kopfes. Zwar gibt es auch noch andere Lippfischartige mit diesen Merkmalen – z.B. haben viele Pomacentriden auch nur eine Nasenöffnung auf jeder Seite – aber es handelt sich bei ihnen, von wenigen Ausnahmen abgesehen, um Meeres- oder (seltener) um Brackwasserbewohner.

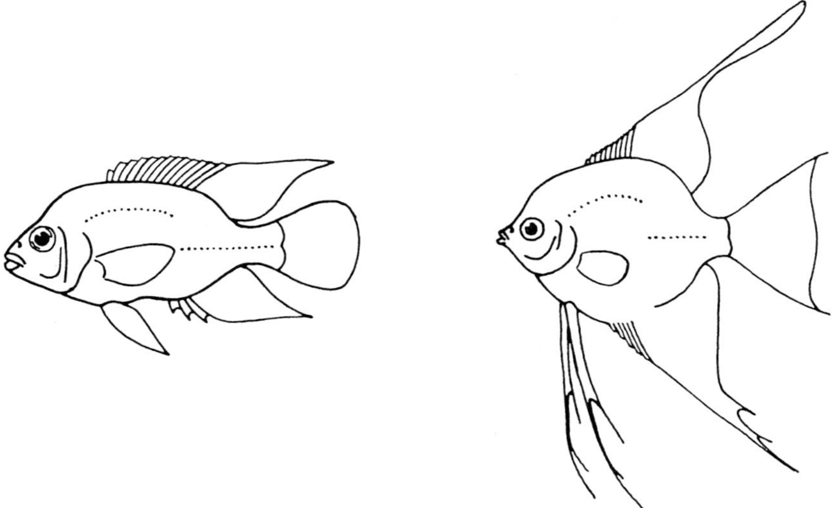

Abb. 2: Typischer Cichlidenhabitus (links), von dem sich die ungewöhnlichen Körperproportionen der Gattung *Pterophyllum* ableiten lassen. Grafik: Original.

Andere Merkmale der Cichliden sind dagegen für den Betrachter weniger offensichtlich, weil sie zumeist als Skelettelemente im Körperinneren verborgen sind und für Untersuchungen aufwendig freipräpariert und oftmals noch durch Anfärben sichtbar gemacht werden müssen (STIASSNY 1991, KULLANDER 1998). So haben die Buntbarsche (ebenso wie andere Labroidei) neben Ober- und Unterkiefer ein zusätzliches »Pharyngealgebiß« in Gestalt zahnbesetzter Schlundknochen (siehe Kapitel 3.4.), das ebenso wie das Maul den unterschiedlichen Ernährungsgewohnheiten entsprechend verschiedenartig gestaltet sein und somit auch ein wichtiges Bestimmungsmerkmal darstellen kann. Die Spezialisierungen beider Strukturen sind eine wesentliche Voraussetzung dafür, dass es soviele Nahrungsspezialisten unter den Cichliden gibt, worauf z.B. der Artenreichtum dieser Fischgruppe in den großen afrikanischen Seen beruht. Auch Magen und Darmtrakt variieren in Größe und Gestalt: Fisch- und Molluskenfresser haben einen großen Magen und einen relativ kurzen Darm, bei Pflanzenfressern ist es umgekehrt. Unabhängig davon setzt bei allen Cichliden der Darm an der linken Magenwand an, und die erste Darmschlinge liegt ebenfalls im linken Bereich der Leibeshöhle (Abb. 14). Schließlich zeigen die Gehörsteinchen (Otolithen) bei den Buntbarschen eine besondere Struktur, die als »anterocaudales Pseudocollikulum« bezeichnet wird (siehe Kapitel 3.7.). Das zahnlose Munddach, das Vorhandensein von vollständig doppelreihig angeordneten Kiemenblättchen auf dem vierten Kiemenbogen sowie das Fehlen von »Nebenkiemen« sind weitere anatomische Charakteristika der Cichliden. Eine ethologische Besonderheit, die die Buntbarsche für Aquarianer und Verhaltensforscher so interessant macht, ist ihre intensive und langandauernde Brutpflege, bei der vor allem die Weibchen wichtige Aufgaben übernehmen und – wie z.B. bei einigen südamerikanischen Zwergcichliden und den ostafrikanischen Maulbrütern – eine größere Bedeutung als die Männchen erlangen können. Die Brutpflege erlaubt so einen intensiven Kontakt zwischen Eltern und Nachkommen, was bei Fischen sehr selten ist. Ähnlich verhalten sich die Korallenbarsche, wodurch sie sich auch in dieser Hinsicht als nahe Verwandte der Cichliden zu erkennen geben.

Die Cichliden zeichnen sich also im wesentlichen durch die Kombination von Merkmalen aus, die – wie die unterbrochene Seitenlinie, die unpaare Nasenöffnung oder das »Pharyngealgebiss« – auch bei verwandten Gruppen vorkommen, also einen plesiomorphen (ursprünglichen) Charakter haben. Bei den wenigen, abgeleiteten und daher gruppenspezifischen Merkmalen (Autapomorphien) handelt es sich zumeist um besondere Ausprägungsformen von Skelettelementen, deren ausführliche Beschreibung den Rahmen dieser Schrift sprengen würde. Wer sich hierfür interessiert, sei auf die Arbeit von KULLANDER (1998) verwiesen.

Die Cichliden sind eine erdgeschichtlich alte Fischgruppe: Die etwa 1 000, wahrscheinlich aber noch mehr rezenten Cichlidenarten sind über Süßgewässer in Süd- und Mittelamerika, Afrika, Madagaskar und Vorderindien verbreitet. Die »disjunkte« Verbreitung über drei Kontinente läßt auf ein erdgeschichtlich hohes Alter dieser Fischgruppe schließen. Die Buntbarsche müssen mit ihren wesentlichen Merkmalen und Eigenschaften bereits vorhanden gewesen sein, bevor das Gondwanaland zerbrach. Dieser riesige »Südkontinent« existierte während des Erdaltertums und Erdmittelalters. Ehemalige Teile von ihm sind nach ALFRED WEGENERS Kontinentalverschiebungstheorie das heutige Südamerika, Afrika, Madagaskar, Australien und die Antarktis. Vorderindien wanderte im Zuge der noch heute nachweisbaren Kontinentaldrift von Afrika nordostwärts in Richtung Asien (SEDLAG 1972).

Die zur Zeit ältesten bekannten Cichliden-Fossilien stammen aus dem Eozän Südamerikas und aus dem Oligozän von Afrika (WOODWARD 1939, HARRIS VAN COUVERING 1982), also aus dem Tertiär. Da sie bereits hochspezialisiert waren, und ihre Vorfahren schon vor der Separierung der genannten Gondwana-Fragmente existiert haben müssen, muß diese Fischfamilie lange vor ihren belegbaren Fossilien entstanden sein, das heißt vermutlich in der Kreideformation des Erdmittelalters (STIASSNY & JENSEN 1987). Damit aber waren die ersten Cichliden bereits Zeitgenossen der Saurier!

Die Arten der Gattung *Pterophyllum* sind in Südamerika beheimatet, wo sie unter den 450 auf rund 50 Gattungen verteilten neotropischen Cichliden zu den ungewöhnlichsten Erscheinungen gehören. Viele Versuche wurden bisher unternommen, deren Artenvielfalt zu untergliedern und in einen stammesgeschichtlichen Zusammenhang zu bringen (siehe u.a. CICHOCKI 1976, FARIAS et al. 1998, 2000, HOHL 1988, KULLANDER 1986, KULLANDER 1998, KULLANDER & NIJSSEN 1989, REGAN 1906, STIASSNY 1991, STIASSNY & JENSEN 1987). Bereits REGANs hypothetischer Stammbaum drückt eine nähere Verwandtschaft der Gattungen *Pterophyllum, Heros* und *Symphysodon* aus, was sich in den späteren Gliederungsvorschlägen anderer Autoren im wesentlichen bestätigen sollte. So gruppiert STIASSNY (1991) die Gattung *Pterophyllum* gemeinsam mit den Gattungen *Heros, Symphysodon, Mesonauta, Neetroplus, Uaru* und einigen anderen kleinschuppigen Buntbarschen in die »Cichlasomine group A« und deutet damit die stammesgeschichtliche Herkunft dieser Gattungen von *Cichlasoma*-ähnlichen Vorfahren an. Eine der jüngsten Arbeiten zu diesem Thema stammt von KULLANDER (1998). Er gliedert »seine« neue Unterfamilie Cichlasomatinae in die drei Triben Acaroniini, Cichlasomatini und Heroini. Letztere entspricht in etwa der »Cichlasomine group A« und umfaßt neben *Acaronia* = Acaroniini, *Hoplarchus, Caquetaia,* »*Cichlasoma*« *atromaculatum,* »*Cichlasoma*« *facetum, Hypselecara* und *Heroina* auch *Symphysodon, Heros, Uaru, Mesonauta* und *Pterophyllum.* Dabei bilden *Pterophyllum* und *Mesonauta* eine Schwestergruppe mit gemeinsamer Stammform, die einer weiteren, aus *Uaru* und *Heros* bestehenden gleichrangigen Schwestergruppe gegenübersteht. Alle vier genannten Gattungen bilden schließlich die Schwestergruppe zu *Symphysodon* – um es bei den fünf Gattungen mit seitlich (lateral) stark abgeplatteten, zum Teil scheibenförmigen und damit besonders hochrückigen Vertretern der Heroini zu belassen.

KULLANDER (1998) hält die näheren stammesgeschichtlichen Beziehungen oder anders ausgedrückt die engeren verwandtschaftlichen Verhältnisse von *Pterophyllum, Mesonauta, Uaru, Heros* und *Symphysodon* für wohl begründet. Seine Analyse basiert vorwiegend auf anatomisch-morphologischen Befunden, insbesondere auf dem Vorhandensein oder Fehlen beziehungsweise auf der Gestalt bestimmter Skelettelemente. Daneben hat man auf biochemischem Wege versucht, Verwandtschaftsbeziehungen zwischen den einzelnen Cichlidentaxa aufzudecken. Bereits 1978 teilte mir SCHOLL brieflich mit, dass es zwischen den Arten der Gattungen *Pterophyllum, Symphysodon* und *Mesonauta* nur geringe molekulargenetische Unterschiede gäbe. Diese hochrückigen Fische wären wahrscheinlich in relativ rezenter Zeit aus den entwicklungsgeschichtlich wesentlich älteren

Cichlasoma-artigen Cichliden hervorgegangen, was – wie wir gesehen haben – auch durch die klassischen Untersuchungsmethoden belegt wird. Abweichende Befunde haben FARIAS et al. (1998) in einer molekularbiologischen Studie zum gleichen Thema publiziert. Das liegt nicht nur an ihrer etwas abweichenden Definition des Tribus Heroini, sondern auch an den biochemischen Merkmalen, die für diese Untersuchung herangezogen wurden. Osteologische, biochemische, ethologische oder auch andere Merkmale einer Art haben oft unterschiedliche Evolutionsgeschwindigkeiten und -trends, und so hängt das Ergebnis einer stammesgeschichtlichen Studie weitgehend davon ab, auf welchen Merkmalen sie basiert. Für *Pterophyllum* hielten FARIAS et al. (1998) zunächst zwei wenig plausible verwandtschaftliche »Anbindungen« innerhalb der Heroini für denkbar: Einerseits als basale und damit ursprünglichste Gattung dieser Verwandtschaftseinheit, andererseits als Schwestergattung zum dem Gattungspaar *Caquetaia* und *Archocentrus*. Inzwischen gehen FARIAS et. al. (2000) in einer neuen Studie ebenfalls von eine engen Verwandtschaft der Gattungen *Heros, Uaru, Mesonauta, Symphysodon* und *Pterophyllum* aus.

1.2 Segelflosser in der wissenschaftlichen Literatur – ein historischer Überblick

Die erste wissenschaftliche Nachricht über einen Segelflosser kam aus Berlin. 1823 gab H. M. LICHTENSTEIN (Abb. 3) ein »Verzeichniß der Doubletten des Zoologischen Museums der Königlichen Universität zu Berlin, nebst Beschreibung vieler bisher unbekannter Arten von Säugethieren, Vögeln, Amphibien und Fischen« heraus. Es war ein Verkaufskatalog, in dem überzählige Objekte zur Versteigerung offeriert wurden. Die Rubrik »Fische (in Weingeist)« enthält unter der Nr. 197 folgende Eintragung: *Z. scalaris* N. Z. corpore argenteo fasciato, spines pinnae dorsalis altitudine pedetentin auctis, spinus pinnae analis sex.

D. 10/35. P.12. V. 1/6. A 6/25. C.17-3. »Or. Brasil« [nach heutiger Sicht D X/25, A VI/19].

Damit ist die wissenschaftliche Erstbeschreibung eines Segelflossers gegeben. Sie lautet in der Übersetzung kurz und bündig: *Zeus scalaris,* Körper silbern, gebändert, Rückenflossenstrahlen hoch, schrittweise aufsteigend, sechs Afterflossenstrahlen. Es folgt die übliche Flossenformel, die terra typica östliches Brasilien und der Preis: 1 Taler. Mangels besserer

Kenntnisse reihte der Beschreiber seinen Segelflosser in die marine Gattung *Zeus* ein, deren Vertreter, zum Beispiel der bekannte Heringskönig, sich durch einen hohen seitlich zusammengedrückten Körper und fadenförmige Membranfortsätze an der Rückenflosse auszeichnen.

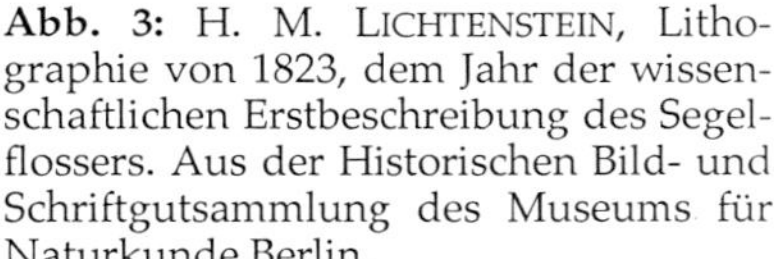

Abb. 3: H. M. LICHTENSTEIN, Lithographie von 1823, dem Jahr der wissenschaftlichen Erstbeschreibung des Segelflossers. Aus der Historischen Bild- und Schriftgutsammlung des Museums für Naturkunde Berlin.

Im Jahre 1831 beschrieben G. CUVIER und A. VALENCIENES in Paris einen einzelnen kleinen Segelflosser, der angeblich aus der BLOCH'schen Sammlung des Berliner Museums stammen sollte, als *Platax ? scalaris*. Hinsichtlich der Gattungszugehörigkeit waren sie sich nicht sicher, zumal die Angehörigen der Gattung *Platax* – wie eingangs schon erwähnt – Seewasserbewohner sind.

Erst der Österreicher J. HECKEL schuf 1840 für unsere außergewöhnlichen Fische eine eigene Gattung *Pterophyllum* (Flügelblatt) und erkannte, dass sie wegen der Gestalt ihrer Schlundknochen in die Verwandtschaft der sogenannten Labroiden (heute: Labroidei) gehören. Seine Arbeit basiert auf Material, das sein Landsmann J. NATTERER am Rio Negro in Brasilien gesammelt hatte.

MÜLLER trennte 1844 die von ihm neugeschaffene Familie Chromidae von den übrigen Labroiden (Lippfischartigen) ab, nachdem er bereits 1839 auf die Eigenständigkeit dieser Fischgruppe hingewiesen hatte. In sie stellte er neben den Gattungen *Cichla*, *Crenicichla*, *Acara*, *Synphysodon* und einigen anderen auch die Gattung *Pterophyllum*. Typusgattung für die Familie Chromidae war allerdings *Chromis*, worunter man damals sowohl Korallenbarsche als auch einige Buntbarsche führte. Da die Gattung *Chromis* im ursprünglichen Sinne von CUVIER 1814 jedoch auf einen Korallenbarsch bezogen wurde (ESCHMEYER 1990), konnte sie nicht namensbildende Typusgattung für die Familie der Buntbarsche sein. Daher verwendete COPE (1989) für sie den neuen Familiennamen Cichlidae an Stelle des bisher gebräuchlichen Namens Chromidae.

1855 stellte F. CASTELNAU – offensichtlich ohne zu wissen, dass für die Segelflosser bereits von HECKEL die Gattung *Pterophyllum* aufgestellt worden war – die neue Segelflossergattung *Plataxoides* auf und beschrieb die Art *dumerilii* von Pará (= Belém), demselben Fundort, von dem auch die Typen von *Pterophyllum scalare* stammen dürften (PAEPKE & SCHINDLER 2002).

1862 änderte R. KNER – entsprechend dem sächlichen Geschlecht des Gattungsnamens *Pterophyllum* – die Endung des Artnamens *scalaris* in *scalare*. Ferner diskutierte er ausführlich die Übereinstimmungen und Unterschiede zwischen *Pterophyllum scalare* und *Plataxoides dumerilii*. Er stellte die Gattung *Plataxoides* – nicht ohne eine kritische Bemerkung über die Ignoranz der Franzosen der deutschen Sprache gegenüber – in die Synonymie von *Pterophyllum*. KNER ließ aber die Eigenständigkeit der Art *dumerilii* noch offen, wozu A. GÜNTHER im gleichen Jahre 1862 nicht mehr bereit war. GÜNTHER behandelte den vollständigen Namen *Plataxoides dumerilii* als Synonym von *Pterophyllum scalare* (ebenfalls mit der geänderten Schreibweise des Artnamens).

1903 wurde von PELLEGRIN *Pterophyllum altum* vom Rio Atabapo und vom Orinoco beschrieben.

1928 widmete E. AHL den Segelflossern zwei Publikationen und beschrieb die umstrittene Art *Pterophyllum eimekei* (siehe auch Kapitel 6.1.). Da die Angaben in der im Februar erschienenen Vorabpublikation in der Zeitschrift »Das Aquarium« den Anforderungen für eine Artbeschreibung genügen (1928a), ist sie als Erstbeschreibung anzuerkennen, nicht aber die erst im März im Zoologischen Anzeiger erschienene Arbeit »Übersicht über die Fische der südamerikanischen Cichlidengattung *Pterophyllum*« (1928b).

Im Jahre 1959 publizierte STERBA eine Studie über anatomisch-morphologische Besonderheiten bei Schleierskalaren und über deren genetische Hintergründe.

Schließlich beschrieb der belgische Ichthyologe J.-P. GOSSE 1963 die bisher letzte Segelflosserart *Plataxoides leopoldi* vom Rio Solimões, etwa 90 km oberhalb von Manacapuru. Sie wurde jedoch schon wieder 1967 durch SCHULTZ zugunsten von *Pterophyllum dumerilii* eingezogen, was sich im nachhinein als falsch erweisen sollte.

GOSSEs Entscheidung für *Plataxoides* an Stelle von *Pterophyllum* hing damit zusammen, dass 1825 der Amerikaner W. KIRBY die Laubheuschreckengattung *Pterophylla* aufgestellt hatte. Zwar sind *Pterophyllum* HECKEL, 1840 und *Pterophylla* KIRBY, 1825 keine Homonyme (gleichlautenden Namen) im Sinne der Nomenklaturregeln, aber *Pterophylla* wurde in der Folgezeit mehrfach falsch zitiert und dadurch Homonymie vorgetäuscht. Nach dem

Fachlexikon Nomenclator zoologicus von S. A. NAEVE (1940) hätte T. W. HARRIS (1835) angeblich die betreffende Heuschreckengattung nicht als *Pterophylla* sondern als *Pterophyllum* aufgelistet. Auf NEAVEs Falschmeldung fußend hatte dann der Australier G. P. WHITLEY (1951) *Pterophyllum* HECKEL, 1840 kurzerhand als ungültig erklärt und an dessen Stelle *Plataxoides* CASTELNAU, 1855 revalidisiert. Darauf verließ sich GOSSE bei der Wahl des Gattungsnamens *Plataxoides*.

Sowohl WHITLEY (1951) als auch GOSSE (1963) hatten dabei übersehen, dass der amerikanische Ichthyologe G. S. MYERS bereits 1940 feststellte, dass die betreffende Kerbtiergattung in den Insektenlisten von HARRIS nicht als *Pterophyllum* sondern korrekt in ursprünglicher Schreibweise als *Pterophylla* aufgeführt wird, und dass der betreffende Eintrag in Naeves Nomenclator zoologicus somit falsch ist. Damit ist und bleibt *Pterophyllum* HECKEL, 1840 die gültige Gattungsbezeichnung für die Segelflosser (siehe PAEPKE 2002).

Durch GOSSEs Beschreibung von *Plataxoides leopoldi* angeregt, überprüfte der Amerikaner L. P. SCHULTZ 1967 nochmals die Validität der Gattungsnamen *Pterophyllum* und *Plataxoides* und kam zu demselben Schluß wie bereits MYERS (1940). Ferner revidierte SCHULTZ die nominellen Arten *P. scalare, P. dumerilii, P. altum, P. eimekei* und *P. leopoldi* und diskutierte schließlich das verwandtschaftliche Verhältnis von *P. altum* und *P. scalare*. Schultz erkannte folgende Arten als gültig an: *P. scalare, P. dumerilii* und (bedingt) *P. altum. P. eimekei* behandelte er als Synonym zu *P. scalare* und *P. leopoldi* als Synonym zu *P. dumerilii.* In *P. altum* sah Schultz den *scalare*-Typ des oberen Orinoco, der sich von der Nominatform lediglich durch höhere Durchschnittswerte der Dorsal- und Analflossenstrahlen, der Schuppenreihen und Wirbel unterscheiden würde, dessen Farbmuster jedoch mit dem von *P. scalare* (angeblich) identisch wäre. Nur wegen der großen geographischen Lücke zwischen den damals bekannten Belegstücken von *P. scalare* und *P. altum* wertete SCHULTZ den Hohen Segelflosser als eigenständige Art und nicht als Unterart von *P. scalare*.

In den Jahren 1968 und 1971 veröffentlichte BERGMANN ausführliche Beschreibungen des Verhaltens von *Pterophyllum scalare*.

1976 und 1979 publizierte BURGESS seine Befunde über neues *Pterophyllum*-Material, das H. AXELROD 1975 in der angeblichen geografischen Lücke zwischen den *scalare*- und *altum*-Populationen im Rio Negro-Gebiet gesammelt hatte. Segelflosserfunde aus dem Rio Negro waren in der europäischen Literatur jedoch bereits mehrfach erwähnt (HECKEL 1840, STEINDACHNER 1875, ARNOLD 1914 u.a.), sind in den Arbeiten von SCHULTZ (1967) und BURGESS (1976, 1979) jedoch nicht weiter berücksichtigt worden.

Die Auswertung der neuen Funde ergab, dass sie hinsichtlich der Zahlen der Rücken- und Afterflossenstrahlen sowie der Schuppenreihen eine Mittelstellung zwischen *P. scalare* und *P. altum* einnahmen und weder der einen noch der anderen Art eindeutig zugeordnet werden konnten. Sie waren seiner Meinung nach aber auch nicht mit *P. dumerilii* (= *P. leopoldi*) identisch. Nach den Darlegungen von BURGESS nimmt die Zahl der Rücken- und Afterflossenstrahlen sowie die der Schuppenreihen der Skalare vom Unterlauf des Amazonas über Santarém und Manaus zum Rio Negro und Orinoco hin zu. Von Manaus und Tefe stromaufwärts zum Solimões-System und dem peruanischen Amazonas nehmen die Werte wieder ab. Die Skalare aus Guyana gleichen wieder denen aus dem Mündungsdelta des Amazonas. BURGESS schlußfolgert daraus, dass es nur zwei valide und unterscheidbare *Pterophyllum*-Arten gäbe, *P. scalare* und *P. dumerilii* (= *P. leopoldi* d. Verf.). *P. altum* stellt nach Burgess lediglich das Endglied einer Kette, insbesondere der Rio Negro-Populationen von *P. scalare*, dar und könne allenfalls als Subspezies von *P. scalare* betrachtet werden. Diese Auffassung war nicht neu, sondern wurde u.a. bereits 1949 von LADIGES nachhaltig vertreten, so dass der Verfasser sie auch in die ersten Auflagen des vorliegenden Brehm-Bandes übernahm.

In seinem Buch Cichlid fishes of the Amazon River drainage of Peru beschäftigte sich der schwedische Ichthyologe S. O. KULLANDER (1986) auch eingehend mit den Segelflossern. Er hatte zuvor die verfügbaren Typen aller nominellen Segelflosserarten studiert. Seine Charakterisierung von *P. scalare* – der bis dato einzigen peruanischen *Pterophyllum*-Art – ergänzte er durch Anmerkungen zu den anderen nominellen Arten. KULLANDER erkannte *P. scalare* (mit *P. dumerilii* und *P. eimekei* als Synonyme), *P. altum* und *P. leopoldi* als valide an.

Der im oberen Orinoco und Rio Negro endemische *P. altum* wäre hochrückiger und hätte mehr Schuppen in der Längsreihe als die anderen beiden Arten. Der aus dem Solimões-Amazonas und dem Rupununi beschriebene *P. leopoldi* unterscheide sich von *P. dumerilii* und *P. scalare* dagegen durch einen breiteren Nacken, eine geradlinig ansteigende Stirn-Vorderrücken-Linie und besondere Farbmerkmale.

Hinsichtlich *P. scalare* hebt KULLANDER (1986) die knappe Beschreibung von *Zeus scalaris*, den Mangel an Typenmaterial, das der Beschreibung entspräche sowie die große Variabilität der Art in ihrem weiträumigen Areal hervor. Er erkennt ZMB 1347, ein Exemplar mit der Etikettierung »*Platax scalaris* C.V. *Zeus scalaris* Mus. Brasilien.« aus dem Museum für Naturkunde der Humboldt-Universität Berlin, als Holotypus von *Platax scalaris* und als Bestandteil der Typenserie von *Zeus scalaris* an. Auf weitere Einzelheiten dieser wichtigen Publikation kann hier nicht näher eingegangen werden.

2002 publizierten PAEPKE & SCHINDLER Neues über die Erstbeschreibung von *Zeus scalaris*. Danach ist nicht LICHTENSTEIN der eigentliche Autor des Taxons, sondern einer seiner Helfer, der damalige Medizinstudent FERDINAND SCHULTZE aus Halle a.d. Saale. Das von CUVIER & VALENCIENNES (1831) aus Berlin entliehene und als *Platax scalaris* beschriebene Exemplar stammt wahrscheinlich nicht aus der BLOCH'schen Sammlung sondern möglicherweise aus der des GRAFEN VON HOFFMANNSEGG, dem Mitbegründer des Museums. Dessen Diener FRIEDRICH WILHELM SIEBER sammelte von 1801 bis 1812 in der Region Belém am unteren Amazonas für seinen Herrn Vögel, Insekten und auch Fische. Das von CUVIER & VALENCIENNES aus Berlin entliehene Exemplar läßt sich nicht eindeutig der Sammlung VON HOFFMANNSEGG zuordnen, wohl aber ein anderes: Mit der Angabe von Sammler und Geber (»SIEBER/VON HOFFMANNSEGG«) ist ZMB 2833 das einzige noch existierende, das sich hinsichtlich des Zeitpunkts des Erwerbs mit Sicherheit der Typenserie von *Zeus scalaris* zuordnen läßt, und das daher als Lectotypus für das Taxon festgelegt wurde.

Soweit ein chronologischer Überblick über wichtige Schritte in der Erforschung der Segelflosser (siehe auch DERIJST 1988). Daneben gibt es unzählige Beiträge in populärwissenschaftlichen Fachzeitschriften, darunter überaus wertvolle über die Verbreitung und Ökologie sowie über das Fortpflanzungs- und Sozialverhalten der Arten der Gattung *Pterophyllum*, ohne die unsere Wissen über diese Fische sehr lückenhaft wäre!

1.3 Gegenwärtiger Stand der Systematik und Nomenklatur

1.3.1 *Pterophyllum* HECKEL, 1840

Pterophyllum HECKEL, 1840, Ann. Wien. Mus. Naturgesch. Bd. 2, S. 325-471, Tafel 29-30. Das Nomen ist sächlich. Typusart ist *Platax scalaris* CUVIER in CUVIER & VALENCIENNES 1831: 237 (= *Zeus scalaris* SCHULTZE in LICHTENSTEIN, 1823: 114). Über die fälschlich in Zweifel gezogene Validität von *Pterophyllum* HECKEL wurde bereits im vorigen Kapitel einiges gesagt. Übrigens gibt es auch eine (fossile) Pflanzengattung mit dem Namen *Pterophyllum* (PAEPKE 2002).

Plataxoides CASTELNAU, 1855, Animaux nouv. ou rares...de l´Amerique d. Sud... S. 21, Tafel 11. Das Nomen ist männlich, Typusart ist *Plataxoides dumerilii* CASTELNAU, 1855: 21. Synonym von *Pterophyllum* HECKEL, 1840. (nach ESCHMEYER 1990).

HECKELs Gattung *Pterophyllum* war monotypisch, d. h., sie bestand zunächst nur aus der einen Art *scalaris*. Damit ist diese »automatisch« Typusart der Gattung. HECKEL berief sich lediglich auf *Platax scalaris* CUV. in CUV.& VAL., 1831. Den älteren Namen *Zeus scalaris* erwähnte er (ohne Nennung des Autors) lediglich in einer Fußnote und kannte offenbar dafür keine Beschreibung.

In seiner Gattungsbeschreibung hebt HECKEL unter anderem den rhombischen, stark zusammengedrückten Körper der Segelflosser, ihre auf den Kiefern in schmalen Bändern angeordneten kleinen Zähne (von denen die erste Reihe etwas vergrößert erscheint), die paarigen, als Dreieck gestalteten Schlundknochen mit ihren dichtgedrängten hakenförmigen Zähnchen, die fünf Branchiostegalstrahlen, das vorstreckbare Maul, die brustständigen, stark verlängerten Bauchflossen, die allmählich an Länge zunehmenden Hartstrahlen von Rücken- und Afterflosse, die (angeblich) gegabelte Schwanzflosse, die kleinen Schuppen sowie die unterbrochene Seitenlinie hervor. Viele dieser Merkmalsausprägungen treffen auch auf andere Cichliden zu, aber die anschließende, sehr ausführliche Artbeschreibung und die Abbildungen lassen keine Zweifel darüber zu, für welche Fische er die neue Gattung *Pterophyllum* geschaffen hatte.

In der Tat zeichnen sich die Buntbarsche der Gattung *Pterophyllum* durch einen komprimierten, kurzen und hohen Körper aus, der gerundete Konturen aufweist. Durch die segelartig verlängerte Rücken- und Afterflosse erscheint er viel höher als lang. Die weichstrahligen Teile dieser Flossen sind bedeutend länger als die hartstrahligen. Ihre Endspitzen bedingen in Zusammenhang mit der Schnauzenspitze eine nahezu dreieckige Kontur der ungewöhnlichen Fischgestalt. Die hartstrahligen Teile dieser beiden Flossen nehmen stufenartig rasch an Länge zu, so dass die hinteren Hartstrahlen die winzigen ersten um ein Vielfaches an Länge übertreffen.

Die Schwanzflosse ist breit und fächerförmig gestaltet und besitzt einen nur wenig konkaven Hinterrand. Die ersten beiden Weichstrahlen der Bauchflossen sind extrem verlängert und können, an den Körperflanken entlang nach hinten gelegt, das Ende der Schwanzflosse bedeutend überragen. Sie dienen als »Raumanker« zur Stabilisierung des hohen kurzen Fischkörpers und fungieren bei der innerartliche Kommunikation als auffällige Signalgeber. Bauch-, Schwanz- und Afterflossen können fadenförmige Verängerungen (Filamente) haben. Die ständig in Bewegung befindlichen Brustflossen sind aus Gründen der Tarnung farblos.

Die vorherrschenden Ctenoid- oder Kammschuppen sind bei *Pterophyllum* relativ klein. Sie bedecken den gesamten Körper sowie die Flossenbasen und die basalen Teile der Gliederstrahlen. Lediglich Stirn, Nase, erster Orbitalknochen und Unterkiefer sind schuppenlos. Die größten Schuppen (= 1/3 Augendurchmesser) befinden sich in der Körpermitte, die kleinsten an Kehle, Kiemendeckel, Wange und an den basalen Schwanzflossenstrahlen. Letztere sind winzige Cycloid- oder Rundschuppen. Die unterbrochene Seitenlinie folgt vom Kiemendeckelrand zunächst parallel dem hohen Boden des Rückens und endet etwa unter dem 6. weichen Strahl der Rückenflosse. Ihr hinterer Teil verläuft tiefer, führt in waagerechter Linie mitten durch den Schwanzstiel und setzt sich auf der Schwanzflossenbasis fort. KULLANDER (1986 und 1998) nennt Spezifika der inneren Anatomie von *Pterophyllum* – zum Beispiel das Vorhandensein von zwei Supraneuralia, Pleuralrippen an dem ersten und teilweise auch zweiten Caudalwirbel sowie paarige Verlängerungen der Schwimmblase, die bis zum neunten Haemalwirbel reichen – auf die hier nicht weiter eingegangen werden soll. Charakteristisch für die Gattung *Pterophyllum* ist ferner eine silberhelle Grundfärbung mit einem schwärzlichen vertikalen Streifenmuster, das von Art zu Art verschieden ist.

Das Verbreitungsgebiet der Gattung erstreckt sich über mehrere weiträumige Flußsysteme im tropischen Südamerika (siehe Kapitel 2.1.).

Abb. 4: Fossiler Palmenfarm *Pterophyllum longifolium*. Die Gleichheit der Gattungsnamen von Segelflossern und fossilen Palmenfarnen ist möglich, da sie sich auf Organismen in unterschiedlichen Naturreichen beziehen. Foto: H.-J. PAEPKE.

1.3.1.1 *Pterophyllum scalare* (SCHULTZE in LICHTENSTEIN, 1823)

Wissenschaftliche Erstbeschreibung: Verzeichnis der Doubletten des Zoologischen Museums der Königlichen Universität zu Berlin nebst Beschreibung vieler bisher unbekannter Arten von Säugethieren, Vögeln, Amphibien und Fischen. Berlin, 1823, S. 114.

Typenlokalität: Or. Brasil (östliches Brasilien). Präzisiert durch PAEPKE & SCHINDLER 2002 wie folgt: Unterer Amazonas, unterhalb bzw. östlich der Stadt Óbidos, einschließlich des Amazonas-Deltas und des Unterlaufes des Rio Tocantins bei der Stadt Cametá.

Typenmaterial: Lectotypus ZMB 2833 deponiert im Museums für Naturkunde der Humboldt-Universität zu Berlin und festgelegt von PAEPKE & SCHINDLER 2002. Es ist das einzige noch vorhandene Exemplar der ehemaligen Typenserie von *Zeus scalaris*, dessen Existenz sich bis in die Zeit vor der Beschreibung dieses Taxons in der Berliner Sammlung zurückverfolgen läßt, das aber nicht mit dem im Doublettenverzeichnis von 1823 identisch ist. Ferner ZMB 1347. Ebenfalls ein sehr altes Stück in der Berliner Sammlung von jedoch nicht ganz zweifelsfreier Herkunft, das von KULLANDER 1986 als Holotypus von *Platax scalaris* CUVIER in Cuvier & VALENCIENNES, 1831 und als ein möglicher Syntypus zu *Zeus scalaris* bezeichnet worden ist. Das im Doublettenverzeichnis von LICHTENSTEIN und Mitarbeitern angebotene Exemplar mit 10 D-Stacheln, 25 D-Strahlen, 6 A-Stacheln und 19 A-Strahlen ist später nirgendwo aufgetaucht.

Holotype von *Plataxoides dumerilii* CASTELNAU, 1855 MNHN A.254, deponiert im Nationalmuseum für Naturgeschichte Paris.

Lectotypus und drei Paralectotypen von *Pterophyllum eimekei* AHL, 1928a, ZMB 32396, indirekt festgelegt in AHL (1928b), deponiert im Museum für Naturkunde der Humboldt-Universität zu Berlin sowie ein Paralectotypus MNHN (ex ZMB) 1929-12, deponiert im Nationalmuseum für Naturgeschichte Paris.

Etymologie: Griech. *pteryx* der Flügel, griech. *phýlon* das Blatt = Flügel- oder Flossenblatt. Lat. *scala* die Treppe mit Bezug auf die treppenartig an Höhe zunehmenden Dorsalstacheln.

Synonyme:

Zeus scalaris SCHULTZE in LICHTENSTEIN, 1823, Verz. Doubl. Zool. Mus. Berlin, S. 114 (östliches Brasilien).

Platax ? scalaris CUVIER in CUVIER & VALENCIENNES, 1831, Histoire nat. poissons, Bd. 7, S. 237 (Brasilien, [angeblich] aus der Collektion BLOCH im Museum Berlin).

Pterophyllum scalaris HECKEL, 1840, Ann. Wien. Mus. Bd. 2, S. 335, Tafel 30, Abb. 5, 6, 7-7a, 8-8b (Rio Negro).

Plataxoides dumerilii CASTELNAU, 1855, Animaux nouveaux on rares...d. l´ Amerique d. Sud... S. 21, Taf. 11, Abb. 3 (Parà = Belèm).

Pterophyllum scalare GÜNTHER, 1862, Cat. fishes Brit. Mus., Bd. 4, S. 316 (Rio Cupai, Brasilien). - STEINDACHNER, 1875, S. B. Ak. Wiss. Wien Bd. 71, S. 76 (Amazonas bei Santarém, Monte Alegre, Villa Bella, Obidos, Coary, Ueranduba, Tocantins, Tabatinga, Rio Jutahy, Xingú, Lago Manacapurù, Lago Maximo, Parà, Rio Ambyiacu (?), Rio Negro). - PELLEGRIN, 1903, Mem. Soc. Zool. France Bd. 16, S. 251 (Hochland von Peru, oberer Amazonas, Tefé-Parà. - EIGENMANN, 1912, Mem. Carnegie Mus. Bd. 7, S. 372 (Santarém. Manaus). - AHL, 1928, Zool. Anz. Bd. 76, S. 254 (Amazonas) und viele andere Autoren.

Pterophyllum eimekei AHL, 1928a, Das Aquarium Bd. 2(2), S. 31; ausführlicher in: Zool. Anz. Bd. 76, S. 252, Abb. 1 (Mündung des Rio Negro in den Amazonas).

Trivialnamen: Deutsch: Skalar, Großer Segelflosser (*P. scalare*), Kleiner Segelflosser, Zwergskalar (*eimekei*-Form), Blattflosser. Englisch: Angel, Angelfisch (= Engel, Engelfisch). Französisch: Scalaire. Einheimische Namen: Piràquenàna (in Tefè), Pacu doido (= verrückter Flußfisch, bezieht sich auf seine Schreckhaftigkeit), Acara bandeira (bandeira = Flagge).

Körperbau, Färbung, Geschlechtsmerkmale: Das, was wir gegenwärtig unter der Art *Pterophyllum scalare* (sensu lato) zusammenfassen, stellt eine Vielzahl von unterschiedlichen Populationen dar. Sie verteilen sich über ein riesiges Areal und variieren in Körpergröße und -form, in der Ausbildung des prädorsalen Stirn-Rücken-Profils und damit in der Gestaltung eines mehr oder weniger stark ausgeprägten Knicks über den Augen, in der Anzahl der Flossenstrahlen und Schuppenreihen und vor allem in der Färbung. So sind die Skalare aus Guyana auf dem Rücken rötlichbraun gesprenkelt, im Rio Negro gibt es ausgesprochen hochrückige und damit sattelnasige Segelflosser, während solche aus dem Raum Manaus relativ niedrig gebaut sind, wie wir das von der *eimekei*-Form her kennen. Aus peruanischen Gewässern ist eine relativ hochrückige Variante unter dem Handelsnamen Peru-*altum* bekanntgeworden, die statt der mittleren Querbinde einen ähnlichen hellumrandeten dunklen Fleck auf der Rückenkante zeigt, wie er für *Pterophyllum leopoldi* artcharakteristisch ist. Dieser Fleck ist offensichtlich mehrmals innerhalb der Arten der Gattung *Pterophyllum* entstanden, was auch für dunkle Sprenkelungen angenommen werden darf. Gute Abbildungen von unterschiedlich gezeichneten Morphen aus diversen Verbreitungsräumen haben KRESTIN (1994b), LINKE (2000) und STAECK (2001a) veröffentlicht.

Verfolgt man die Ausprägung bestimmter Merkmale, etwa die Anzahl der Flossenstrahlen und Schuppenreihen durch eine Reihe aufeinanderfolgender Populationen von einem Ende des Verbreitungsgebietes bis zum anderen, so zeigt sich gegebenenfalls ein Trend in Richtung höherer oder niedrigerer Werte (BURGESS 1976, siehe Kapitel 1.2.). Das hängt mit den sich regional veränderenden Auslesefaktoren für die betreffenden Merkmale zusammen. Innerhalb des Artrahmens bezeichnet man solche Merkmalsabstufungen als »cline«. Viele lokale Populationen gehen so graduell und ohne erkennbare Grenzen ineinander über und verbinden über zahlreiche Etappen periphere Extreme, die sich ihrerseits oft sehr deutlich voneinander unterscheiden (können).

Tab. 1: Mess- und zählbare Merkmale von *Pterophyllum scalare* (sensu lato); **Nr. 1:**Vier Expl. Barra do Rio Negro, Brasilien, coll. J. NATTERER, NMW 8119-8122; **Nr. 2:** Fünf Expl. vom Unterlauf des Rio Xingu, Brasilien, coll. STEINDACHNER, NMW 8126-8130; **Nr. 3:** Drei Expl.vom Largo marginal do Rio Tocantins pero de Baião, Brasilien, MZUSP 44156; **Nr. 4:** Fünf Expl. von Pará (Belém), Brasilien, coll. H. AXELROD, USNM 198180; **Nr. 5:** Sieben Expl. vom Zufluß Igarapé Juminan zum Oyapock, brasilianisches Ufer, 51°38'06,5"W 04°03'30,8"N, MNHN 1981-577; **Nr. 6:** Vier Expl. vom Essequibo bei Rockstone, Guyana, coll. W. STAECK & I. SCHINDLER, ZMB 33133. Körperproportionen in % der Standardlänge.

Lfd. Nr.	1	2	3	4	5	6
Standardlänge (mm)	75,5-91,0	46,4-50,3	52,2-66,9	72,8-78,9	43,5-68,0	69,8-73,4
Körperhöhe (%)	80,2-96,1	65,0-73,3	65,8-71,3	62,0-80,7	57,7-68,1	66,2-69,8
Prädorsallänge (%)	41,7-49,7	45,2-49,5	45,7-47,2	42,7-49,3	42,2-46,1	42,1-44,0
Präanallänge (%)	73,6-76,8	69,6-73,7	69,6-76,8	72,0-74,5	66,0-75,1	69,6-71,6
Basis der Dorsalis (%)	59,3-64,9	58,3-61,9	61,4-64,6	56,8-64,2	57,2-63,1	58,9-62,8
Basis der Analis (%)	57,4-60,9	51,7-56,5	54,6-61,7	55,7-61,0	52,4-57,4	54,9-58,6
Schwanzstiellänge (%)	5,3-6,3	5,4-7,3	3,7-4,5	4,1-7,8	3,4-5,6	4,2-5,9
Schwanzstielhöhe (%)	19,7-20,9	19,0-20,3	19,3-21,3	19,7-21,4	19,1-21,0	18,3-19,9
Längster D-Stachel (%)	31,8-39,6	28,4-42,9	29,1-42,1	34,9-39,0	23,0-25,4	32,0-42,7
Längster A-Stachel (%)	36,0-42,9	32,3-38,8	35,3-46,7	39,1-46,5	33,8-39,2	39,9-40,4
Kopflänge (%)	35,8-37,4	35,8-40,9	36,9-41,8	34,0-38,1	34,3-39,1	35,4-37,3
Kopfbreite (%)	15,2-16,3	15,6-16,8	16,4-17,6	16,9-18,1	14,0-17,4	17,0-17,3
Schnauzenlänge (%)	9,9-11,0	9,1-12,3	11,2-13,6	11,7-13,6	10,8-13,4	10,2-11,2
Augendurchmesser (%)	11,8-14,6	12,3-14,2	12,4-13,8	11,8-13,6	11,8-12,7	12,2-13,8
Interorbitalbreite (%)	11,7-13,1	12,5-13,3	13,3-13,6	12,9-14,0	11,5-12,5	12,2-13,5
Schuppen längs	38-40	32-33	31-33	36-41	30-34	36-37
Schuppen quer	31-35	30-37	32-33	36-41	31-33	34-38
Anzahl D-Stacheln	10-12	12-13	13(!)	11-12	11-12	12
Anzahl D-Strahlen	24-27	22-23	23-24	23-26	23-25	23-25
Anzahl A-Stacheln	6	6	6	6	5(!)-6	6
Anzahl A-Strahlen	28-29	22-25	26-28	27-30	25-26	25-28

2. Dorsalstachels beginnend ein kurzes Stück abwärts. Die dritte Binde beginnt unterhalb des 7. bis 9. Dorsalstachels und verläuft quer über die Körpermitte bis zu den vordersten Analflossenstacheln. Die vierte Binde ist – ähnlich wie die zweite – oftmals nur schattenhaft angedeutet. Sie beginnt auf den ersten Weichstrahlen der Dorsalis, endet vielfach bereits in Höhe der vorderen bzw. oberen Seitenlinie, und kann sich bei manchen Phänotypen zu einem dunklen Fleck auf der Rückenkante verdichten. Die fünfte Binde ist die kräftigste und längste. Sie verläuft als markantes schwarzes Band von der Endspitze der Dorsalis über den hinteren Körper bis zur Endspitze der Analis. Eine sechste kann schattenhaft auf den vorderen Caudalstiel angedeutet sein, fehlt aber meistens. Die siebente und letzte Binde markiert, wie schon gesagt, die Caudalflossenbasis. Rücken- und Afterflosse sind zart bläulichgrau, die Weichstrahlen heller, die Hartstrahlen fast schwarzbraun. Die weichstrahligen Teile von Dorsalis und Analis sowie die Caudalis sind rauchgrau gebändert. Diese Farbmuster werden je nach Herkunft und Stimmung in vielfältiger Weise abgewandelt.

Während sich *Pterophyllum altum* und *Pterophyllum leopoldi* nicht nur anhand ihrer artcharakteristischen Streifenmuster voneinander unterscheiden lassen, sondern auch durch quantitative Merkmale (Anzahl der Flossenstrahlen und Schuppenreihen, relative Körperhöhe, Stirn-Nacken-Profil etc.), ist das bei *Pterophyllum scalare* (sensu lato) im Vergleich mit den anderen beiden Arten nicht immer eindeutig möglich. Wie die Tabellen 1-3 verdeutlichen, gibt es sowohl nach der einen wie nach der anderen Richtung hin Überschneidungen in den Variabilitätsbreite wichtiger quantitativer Merkmale. Neben der arttypischen Körperzeichnung kommen als einigermaßen verläßliche Kennzeichen für ein einwandfreies Ansprechen von *Pterophyllum scalare* (sensu lato) allenfalls die Schuppenreihen in Frage: 43-46 Schuppen in der mittleren Längsreihe = *P. altum*, 32-41 Schuppen = *P. scalare*, 26-31 Schuppen = *P. leopoldi.*

BÖHM (1957) schätzte aufgrund von Freilandbeobachtungen, die STAWIKOWSKI und WERNER (1998) indirekt anzweifeln, die größte Höhe von *Pterophyllum scalare* mit »einigen dreißig Zentimetern«. Das dürfte entschieden zu hoch gegriffen sein. STAWIKOWSKI & WERNER (1998) geben 26 cm an. LÜLING (1961) und andere Autoren fingen dagegen nur »mittelgroße« Exemplare ohne extremen Flossenschmuck, was mit feindlich wirkenden Umweltfaktoren plausibel erklärt wird. Ebenso verhält es sich nach eigenen Erfahrungen mit den meisten Museumsexemplaren, von denen der Verfasser wesentlich mehr untersucht hat, als die wenigen in Tabelle 1 zusammengestellten Beispiele. Aquarienskalare erreichen wohl nur in sehr großen hohen Becken und bei bester Pflege die maximal mögliche Körperhöhe ihrer wilden Ahnen.

Wie bei allen Arten der Gattung *Pterophyllum* üblich, sind die Männchen in der Regel größer und kräftiger als die Weibchen und besitzen im Alter häufig ein nach außen gewölbtes Stirnprofil. Die Weibchen kann man am besten zur Laichzeit am Laichansatz und an ihrer kurzen kräftigen Legeröhre erkennen, während man bei den Männchen allenfalls eine winzige kommaförmige Genitalpapille wahrnehmen kann.

Verbreitung: Das Verbreitungsgebiet von *P. s. scalare* erstreckt sich von der Mündung des Amazonas (Belèm) in westlicher Richtung bis in die Oberläufe dieses großen Fluss-Systems in den peruanischen Anden (Lago Cashiboya, Yarina Cocha) sowie über viele Nebenflüsse (Rio Araguaia, Xingu, Tapajos, Rio Negro und andere) und Gewässer in den Guyanaländern (Oyapock, Essequibo, Demerara, Rupunini und andere).

1.3.1.2 *Pterophyllum altum* PELLEGRIN, 1903

Wissenschaftliche Erstbeschreibung: Description de Cichlidés nouveaux de la collection du Muséum - Bull. Mus. Hist. Nat. Paris Bd. 9 (3), (1903a), S. 125. Die Beschreibung erschien im gleichen Jahr nochmals etwas ausführlicher und durch eine Abbildung ergänzt in den Mem. Soc. Zool. France Bd. 16 (1903b), S. 252, Tafel 4, Abb. 4.

Typenfundort: Atabapo, Rio Orinoco, Venezuela.

Typenmaterial: 15 Syntypen gesammelt von CHAFFANJON, ursprünglich katalogisiert unter den Nummern MNHN 1887-571 bis 1887-574 und MNHN 1887-579 bis 1887-580 des Nationalmuseums für Naturgeschichte in Paris. Sie wurden inzwischen nach BLANC (1962), ALONCLE (1968) und ESCHMEYER (1998) auf folgende Museen verteilt: MNHN 1887-571-574 (4 Expl.); MNHN 1887-579-80 (5 Ex.); BMNH 1904.6.28.2-3 (2 Expl.) (ex MNHN); MHNLR P.261 (1 Expl.). Die Angaben der MNHN-Nummern und die Gesamtzahl der Syntypen stimmen in den Publikationen von PELLEGRIN 1903a, PELLEGRIN 1903b und ESCHMEYER 1998 nicht völlig überein. Der Erstbeschreiber gibt für das Typenmaterial 12-13 D-Stacheln, 28-29 D-Strahlen, 5-6 A-Stacheln, 28-32 A-Strahlen sowie 41-47 Schuppen in der Längsreihe an.

Etymologie: *altus, altra, altum* = (lat.) hoch, tief.

Trivialnamen: Hoher Segelflosser, Altum-Skalar, Altum

Synonyme: *Pterophyllum scalare altum* PAEPKE (1979, 1981, 1985)

Tab. 2: Ausgewählte mess- und zählbare Merkmale von *Pterophyllum altum*. **linke Zahlenreihe:** Zwei Wildfänge vom Orinoco, NMW 84988; **mittlere Zahlenreihe:** Zwei Wildfänge vom Orinoco, ca. 55 km nördl. von Puerto Ayacucho, coll. H. LINKE, Februar 1996, ZMB 33320; **rechte Zahlenreihe:** Größtes vermessenes Expl., dreieinhalbjährig, Spannweite zwischen der D- und der A-Flossenspitze etwa 250 mm, F_1-Nachzucht von H. LINKE, ZMB 33321. Körperproportionen in % der Standardlänge, auf eine Kommastelle aufgerundet. Primärdaten des größten Expl. in Klammern.

Standardlänge (mm)	56,0 - 64,5	69,3 - 78,1	112,5
Körperhöhe (%)	93,0 - 99,1	69,9 - 76,5	73,2 (82,4 mm)
Prädorsallänge (%)	45,7 - 46,8	46,3 - 48,2	50,0 (46,1 mm)
Präanallänge (%)	71,4 - 73,2	63,9 - 71,1	70,0 (78,7 mm)
Basis der Dorsalis (%)	64,3 - 64,5	61,9 - 62,7	66,4 (74,7 mm)
Basis der Analis (%)	57,5 - 60,7	56,0 - 58,9	56,6 (63,6 mm)
Schwanzstiellänge (%)	7,0 - 7,1	6,1 - 7,8	6,7 (7,5 mm)
Schwanzstielhöhe (%)	17,9 - 19,8	18,8 - 20,8	18,5 (20,8 mm)
Längster D-Stachel (%)	38,8 - 42,9	39,4 - 43,1	33,4 (37,5 mm)
Längster A-Stachel (%)	37,4 - 43,2	41,4 - 31,2	30,2 (34,0 mm)
Längster D-Strahl (%)	–	–	72,9 (82,0 mm)
Längster A-Strahl (%)	–	–	4,9 (118,0 mm)
Längster C-Strahl (%)	–	–	66,7 (75,0 mm)
Kopflänge (%)	37,2 - 37,5	35,8 - 38,0	33,6 (37,8 mm)
Kopfbreite (%)	16,3	16,8	15,5 (17,4 mm)
Schnauzenlänge (%)	10,9 - 11,6	12,5 - 13,7	11,3 (12,7 mm)
Augendurchmesser (%)	12,7 - 12,9	12,3 - 13,0	10,6 (11,9 mm)
Inerorbitalweite (%)	12,4 - 12,7	11,5 - 11,7	13,6 (15,2 mm)
Schuppen längs	43 - 46	44 - 45	44
Schuppen quer	42 - 44	42 - 44	43
Anzahl D-Stacheln	12	12	12
Anzahl D-Strahlen	26 - 28	27	28
Anzahl A-Stacheln	6	6	6
Anzahl A-Strahlen	28 - 31	27 - 30	27

Körperbau, Färbung, Geschlechtsmerkmale: Bei *Pterophyllum altum* ist die vertikale Komponente der so ungewöhnlichen Segelflossergestalt am deutlichsten ausgeprägt. Er ist in der Tat der höchste Segelflosser. Seine Körperhöhe beträgt (ohne Flossen) im Durchschnitt etwa 88,6 %, in Einzelfällen weit über 90% der Standardlänge. Durch das steil ansteigende Stirnprofil entsteht ein deutlicher Knick über den Augen, wie ihn auch *P. scalare* in manchen Regionen zeigt, nicht jedoch *P. leopoldi*. Auch die laterale Abflachung ist noch extremer als bei den anderen Skalararten. Weitere Elemente, von denen die imponierende Höhe von *Pterophyllum altum* mitbestimmt wird, sind die langen, stark vom Körper abgewinkelten Dorsal- und Analflossen. Die relative Höhe von Dorsalis und Analis (gemeinsam) beträgt im Verhältnis zur Höhe des Rumpfes immerhin etwa 318%. Bei *Pterophyllum scalare* sind es etwa 161 bis 272%, bei *Pterophyllum leopoldi* im Durchschnitt 215%. Weitere morphologische Einzelheiten sind aus Tabelle 2 zu entnehmen. Anfänglich ist über die Größe spekuliert worden, die der Hohe Segelflosser erreichen kann. So berichtete SCHMIDT-FOCKE (1973) von bis zu 45 cm hohen Exemplaren, die BLEHER im Orinoco-Gebiet gefangen haben will. Spätere Importe von BLEHER hatten nach Schätzungen von SCHMIDT-FOCKE (briefl. Mitt.) eine Höhe von etwa 35 cm gehabt, was den tatsächlichen Verhältnissen eher entspricht. So geben STAWIKOWSKI & WERNER (1998) als größte Höhe für Wildfänge 33 cm, FORNBÄCK (1996) 32 cm und LINKE (2000) 35 bis knapp 40 cm an. Das größte vom Verfasser vermessene Exemplar brachte es lediglich auf eine Gesamthöhe von etwa 25 cm.

Wie aus der Originalbeschreibung (PELLEGRIN 1903a), aus den Angaben von SCHULTZ (1967), BURGESS (1976) und KULLANDER (1986) sowie aus eigenen Zählungen (Tabelle 2) hervorgeht, hat *Pterophyllum altum* mehr Weichstrahlen in der Dorsalis und Analis, mehr Wirbel und mehr Schuppen in der Längs- und Querreihe als die anderen Segelflosser. Dieses Phänomen scheint nicht nur auf die Skalare zuzutreffen, denn bereits STEINDACHNER (1879-82) machte darauf aufmerksam, dass sich bei bestimmten Characiden die Orinoco-Populationen durch statistisch höhere Werte von ihren nächsten Verwandten aus dem Amazonas unterscheiden.

Auch hinsichtlich der Färbung weicht *Pterophyllum altum* von den anderen Segelflossern ab: Die Grundfärbung ist je nach Lichteinfall ein teils silbernes, teils goldgelbes Hellgrau. Die unpaaren Flossen sind dunkler als bei anderen Skalaren. Die erste, das Auge kreuzende Kopfbinde biegt über dem Auge zwar etwas nach hinten ab, erreicht aber nicht den ersten Dorsalstachel, wie es bei *Pterophyllum scalare* der Fall ist. Sie kann sich auf dem oberen Kiemendeckel hinter dem Auge zu einem ausgedehnten dunklen Fleck erweitern. Es folgt eine zweite, oft nur schattenhaft angedeutete Binde, die unterhalb der vordersten drei kurzen Dorsalstacheln beginnt und unmittelbar hinter der Ventralflossenbasis, meist jedoch oberhalb derselben endet. Die dritte, sehr deutlich ausgeprägte Binde verläuft vom sechsten bis neunten Dorsalstachel abwärts, allmählich an Breite verlierend und über der Genitalpapille endend. Die vierte Binde ist wiederum sehr schwach ausgeprägt. Sie beginnt unterhalb der ersten vier bis sechs Weichstrahlen der Dorsalis und endet etwa oberhalb des dritten und vierten Analstachels. Die fünfte Binde verläuft von der Spitze der Dorsalis über den hinteren Rumpf bis zur Spitze der Analis und ist – wie bei allen Skalaren – die längste und markanteste schwarze Querbinde. Ihr folgen auf dem Schwanzstiel eine kurze sechste schwach gefärbte und auf der Caudalflossenbasis eine wiederum sehr dunkel getönte siebente Querbinde. Die meisten Querbinden, insbesondere die schattenartige zweite, sind breiter als bei den anderen Segelflossern.

Nach LINKE (2000) lassen sich die Geschlechter nur während der Paarungszeit sicher unterscheiden. Die Weibchen zeigen dann Laichansatz und besitzen eine kurze gedrungene Legeröhre. Die Männchen werden allgemein etwas größer, zeigen (oberhalb des Stirnknicks) eine stärker nach außen gewölbte Stirnpartie, sind häufig kräftiger gezeichnet und wirken vitaler.

Abb. 6: *Pterophyllum altum* PELLEGRIN, 1903. Foto: J. MEULENGRACHT-MADSEN.

Verbreitung: *Pterophyllum altum* besiedelt im Grenzgebiet von Brasilien, Kolumbien und Venezuela die oberen Regionen des Rio Orinoco und möglicherweise des Rio Negro sowie einige ihrer Zuflüsse. Vom Typenfundort, dem Rio Atabapo, konnte die Art bisher im Rio Orinoco nordwärts bis etwa 100 km nördlich von Puerto Ayacucho nachgewiesen werden. Als sichere Vorkommen innerhalb des bekannten Verbreitungsgebietes gelten nach LINKE (2000) Zuflüsse und Fluss-Seen (Lagos) auf der östlichen, zu Venezuela gehörenden Uferseite des Rio Orinoco.

1.3.1.3 *Pterophyllum leopoldi* (GOSSE, 1963)

Wissenschaftliche Erstbeschreibung: Description de deux Cichlides nouveaux de region Amazonienne. Bull. Inst. royal Sci. nat. Belg. Band 39, Nummer 35, Seite 1-7.

Typenlokalität: Furo du village de Cuia, am linken Ufer des Solimões, etwa 90 km oberhalb des Sees Manacapuru, Brasilien.

Typenmaterial: Holotypus (IRSNB 459), 44 mm SL , sowie (ursprünglich) 27, (jetzt) 26 Paratypen (IRSNB 460), aufbewahrt im Institut Royal des Sciences naturelles de Belgique in Brüssel (WALSCHAERTS 1987). GOSSE gibt für das Typenmaterial 11-13 D-Stacheln, 19-22 D-Strahlen, 6 A-Stacheln, 19-22 A-Strahlen sowie 26-30 Schuppen in der Längsreihe an.

Trivialnamen: Spitzkopfsegelflosser, Spitznasenskalar (vom schwedischen spetsnosscalare übernommen), fälschlich: Dumerils Segelflosser, beziehungsweise Aquarianer-dumerilii (LINKE 2000).

Synonyme: *Plataxoides leopoldi* GOSSE, 1963; *Pterophyllum dumerilii* SCHULTZ 1967 (NON CASTELNAU), ERLANDSSON & ERLANDSSON 1982, PAEPKE 1984, 1985.

Körperbau, Färbung, Geschlechtsmerkmale: *Pterophyllum leopoldi* stellt hinsichtlich der Körperproportionen das Gegenteil von *Pterophyllum altum* dar: Er ist relativ niedrig gebaut, hat einen breiten Vorderrumpf und besitzt relativ kurze Rücken- und Afterflossen. Die Stirn-Rücken-Linie steigt von der Schnauzenspitze bis zum Beginn der Dorsalis flach und daher ohne sattelförmige Einbuchtung über den Augen an. Die Stirn ist vor allem bei adulten Männchen etwas nach außen gewölbt. Die Art ähnelt in dieser Hinsicht dem *eimekei*-Typ von *Pterophyllum scalare*. *Pterophyllum leopoldi* trägt Rücken- und Afterflosse selten so steil aufgerichtet, wie wir das bei manchen *P. scalare* und insbesondere bei *P. altum* so schätzen. Daher wird eine Spannweite von 10 bis maximal 12 cm wohl kaum überschritten. *Pterophyllum leopoldi* hat weniger Weichstrahlen in Dorsalis und Analis, weniger Wirbel und weniger Schuppenreihen als andere Segelflosser. Dafür sind seine Schuppen relativ groß.

Tab. 3: Ausgewählte mess- und zählbare Merkmale von *Pterophyllum leopoldi*. **linke Zahlenreihe:** Zwei Wildfänge, coll. H. LINKE 1998, Igarapé Samula, Rio Negro, nördlich von Barcelos, Brasilien, Sammlung I. SCHINDLER. **rechte Zahlenreihe:** Vier Importnachzuchttiere aus dem Jahre 1982 von J. ERLANDSSON (Schweden), ZMB 31870. Körperproportionen in % der Standardlänge.

Standardlänge (mm)	52,6 - 70,3	63,1 -76,7
Körperhöhe (%)	82,0 - 82,3	69,8 - 72,8
Prädorsallänge (%)	46,3 - 49,4	45.6 - 47,1
Präanallänge (%)	64,8 - 66,8	64,4 - 69,9
Basis der Dorsalis (%)	59,9 - 61,3	56,3 - 58,8
Basis der Analis (%)	49,3 - 50,6	45,2 - 47,8
Schwanzstiellänge (%)	5,9 - 7,6	6,0 - 9,5
Schwanzstielhöhe (%)	20,0 - 20,3	19,8 - 21,3
Längster D-Stachel (%)	38,2 - 40,9	21,1 - 35,2
Längster A-Stachel (%)	38,2 - 41,6	34,2 - 38,9
Kopflänge (%)	34,9 - 35,9	33,3 - 35,2
Kopfbreite (%)	15,9 - 16,5	15,8 - 18,1
Schnauzenlänge (%)	11,1 - 12,7	11.9 - 13,9
Augendurchmesser (%)	12,0 - 12,1	11,3 - 12,2
Interorbitalweite (%)	14,8	14,4 - 15,3
Schuppen längs	31	26 - 28
Schuppen quer	27 – 28	28 - 29
Anzahl D-Stacheln	12	12
Anzahl D-Strahlen	21	19 - 21
Anzahl A-Stacheln	6	6
Anzahl A-Strahlen	20 – 22	20 - 22

Der Spitznasenskalar besitzt ein eigenständiges Farbmuster, das es uns im Zusammenhang mit den genannten morphologischen Besonderheiten ermöglicht, diese *Pterophyllum*-Art relativ leicht zu identifizieren: Während die schwarze Augenbinde bei *Pterophyllum scalare* bogenförmig nach hinten abbiegt und in der Regel erst unterhalb der ersten Dorsalstacheln endet, verläuft sie bei *Pterophyllum leopoldi* annähernd gerade und endet somit zwischen Kopfansatz und Vorderrücken. Ihr folgen dann zwei artkennzeichnende kurze senkrechte Binden. Diese sind bei *P. altum* auf eine reduziert; bei *P. scalare* fehlen sie zumeist völlig. Außerdem können auf dem Nasenrücken vor der Augenbinde weitere bindenartige Verdunklungen auftreten. Charakteristisch ist an Stelle der fünften, gewöhnlich nur als grauer Streifen angedeuteten Binde ein markanter schwarzer, hell goldgelb eingefaßter Fleck auf dem Scheitelpunkt des Rückens, der gelegentlich auch verblassen kann. Er ist in seiner typischen Ausprägung artcharakteristisch, kann andeutungsweise aber auch bei anderen Segelflossern auftreten. Bei nichtterritorialen Individuen verblassen die dunklen Querbinden, so dass ihre hell messingfarbene, an den Körperseiten silberne Grundfärbung deutlicher sichtbar wird. Auf ihr tritt je nach der Stimmung des betreffenden Fisches ein unregelmäßiges schwarzes Punktmuster mehr oder weniger deutlich hervor. Es geht hinter dem Auge auf dem Operculum, namentlich bei adulten Männchen, in einen großen, unregelmäßigen, smaragdgrünen Fleck über, der sich in bestimmten Situationen bis zum tiefen Tintenblau verdunkeln kann. Dieser Fleck ist ebenfalls artcharakteristisch. Er verblaßt bei Schreck und Unwohlsein, besonders aber bei Alkoholmaterial. Die Iris ist – soweit sie nicht durch die Augenbinde schwärzlich erscheint – rötlichgelb aber niemals blutrot gefärbt (GOSSE 1963, PAEPKE 1984, 1985, 1996).

Ebenso wie bei *Pterophyllum scalare* werden auch beim Spitznasenskalar die Männchen größer und wirken »bulliger« als die kleineren, zierlicheren Weibchen. Zur Laichzeit kann man die Geschlechter auch an der Genitalpapille erkennen, die bei *leopoldi*-Weibchen besonders weit hervortritt. Bei den Männchen ist der grünlich bis tintenblau gefärbte Hinteraugenfleck oftmals größer und kräftiger ausgebildet (PAEPKE 1984).

Verbreitung: *Pterophyllum leopoldi* wurde zunächst im Solimões entdeckt und anschließend in zahlreichen weiteren Teilen Amazoniens bis hinab zum Mündungsgebiet bei Belém gefunden (KRESTIN 1994b, SCHINDLER 2001b, SCHULTZ 1967). KULLANDER (1986) nennt außer dem Typenfundort den Rupununi-River in Guyana. SCHINDLER (2001b, 2002a) erwähnt Exemplare aus dem Rio Negro nördlich von Barcelos, die der Verfasser vermessen konnte (Tabelle 3). LINKE hat sie dort syntop mit *Pterophyllum scalare* (sensu lato) gesammelt. Sie schließen die bisherige Fundortlücke zwischen den Vorkommen in Amazonien und in Guyana. Auch im Amazonas und im Rupununi-River kommen *Pterophyllum scalare* (sensu lato) und *Pterophyllum leopoldi* streckenweise gemeinsam vor, was Fragen nach der ökologischen Separierung beziehungsweise »Einnischung« der beiden nahe miteinander verwandten Arten aufwirft. Möglicherweise sind ökologische Präferenzen vorhanden, die es ihnen ermöglichen, einander »aus dem Wege zu gehen.« Die eine Art wäre dann in dem einen, die andere in einem anderen Biotop desselben Fluss-Systems überlegen, und beide vertreten sich gegenseitig entlang einer mehr oder weniger scharfen Gleichgewichtszone. Oder beide Arten haben im selben Biotop unterschiedliche Nahrungspräferenzen entwickelt, wofür die Untersuchungen von SCHINDLER (2002a) sprechen. Danach besitzt *Pterophyllum leopoldi* relativ breite, meißelförmige Zähne, während die der anderen Segelflossern eher pfriemförmig, in Querschnitt rund sind. *Pterophyllum scalare* (sensu lato) hat dagegen auf dem Ceratobranchiale breitere, engstehendere Kiemenreusendornen als die andere Art.

Das Problem wird durch die alljährlichen, sehr erheblichen Schwankungen des Wasserstandes in Amazonien zusätzlich kompliziert. Die gewaltigen Hochwasserfluten überschwemmen weite Landstrecken, tragen Inseln mit sich fort und bahnen sich neue Abflussrinnen. Mit anderen Worten, die Biotop- und Habitatstrukturen im »Fluss-Meer« Amazonien sind keineswegs konstant. Natürlich werden durch solche dynamischen Prozesse auch die Habitatbindungen der Segelflosser beinflußt.

Abb. 7: *Pterophyllum leopoldi* (GOSSE, 1963), Weibchen in Laichfärbung. Foto: H.-J. PAEPKE.

Anmerkung: Leider hatte SCHULTZ (1967) in seiner damals maßgeblichen *Pterophyllum*-Revision *Pterophyllum leopoldi* fälschlicherweise mit *Pterophyllum dumerilii* synonymisiert, was KULLANDER (1986) korrigierte. Mit anderen Worten, bei den meisten Skalaren, die zwischen 1967 und 1986 als *Pterophyllum dumerilii* bezeichnet worden sind, handelt es sich um *Pterophyllum leopoldi*.

2 Lebensraum und Lebensbedingungen

2.1 Das Verbreitungsgebiet der Gattung *Pterophyllum*

Die Arten der Gattung *Pterophyllum* besiedeln im tropischen Südamerika ein weiträumiges Areal. Das Gros der Fundorte verteilt sich in ostwestlicher Richtung über das Amazonasgebiet, vom Mündungsdelta im Osten über das ausgedehnte eigentliche Tiefland des Amazonas hinauf zum Einzugsgebiet des mittleren Rio Ucayali im Vorland der nordperuanischen Anden.

Soweit bekannt, kommen Segelflosser auch in vielen der etwa 245 Nebenflüsse des Amazonas vor, unter anderem in denen, die die südlich gelegene Nordabdachung des Brasilianischen Berglandes entwässern (zum Beispiel im Rio Araguaia, Xingu, Tapajos und in vielen anderen).

Von Manaus weitet sich das Areal nordwestlich über den Rio Negro und Cassiquiare bis zum oberen Orinoco aus.

Schließlich wurden Segelflosser auch in Flüssen gefunden, die die nordöstliche Abdachung Guyanas in Richtung Atlantik entwässern (so zum Beispiel im Essequibo und im Oyapock).

Die bisher bekannten Verbreitungsgrenzen der Gattung werden sicher noch manche Präzisierung erfahren. Sie umschließen aber schon jetzt ein beachtliches Territorium.

Allein das Amazonastiefland mit seiner unübersehbaren Zahl verschiedenartigster Wasserläufe bedeckt eine Fläche von etwa 4,5 Millionen qkm (NEEF 1962). Zwischen dem östlichsten Fundort eines Segelflossers im Amazonasdelta und dem westlichsten im Pacaya, einem Zufluß des Rio Ucayali, liegen immerhin 29 Längengrade (ca. 2 780 km Luftlinie). Auf europäische Verhältnisse übertragen entspricht das etwa der Entfernung zwischen Lissabon und Warschau. Zwischen dem nördlichsten Fundort am Essequibo in Guyana und dem südlichsten im Rio Araguaia im Brasilianischen Bergland, liegen 21 Breitengrade (ca. 2 340 km Luftlinie), was etwa der Entfernung zwischen Lissabon und Berlin entspricht.

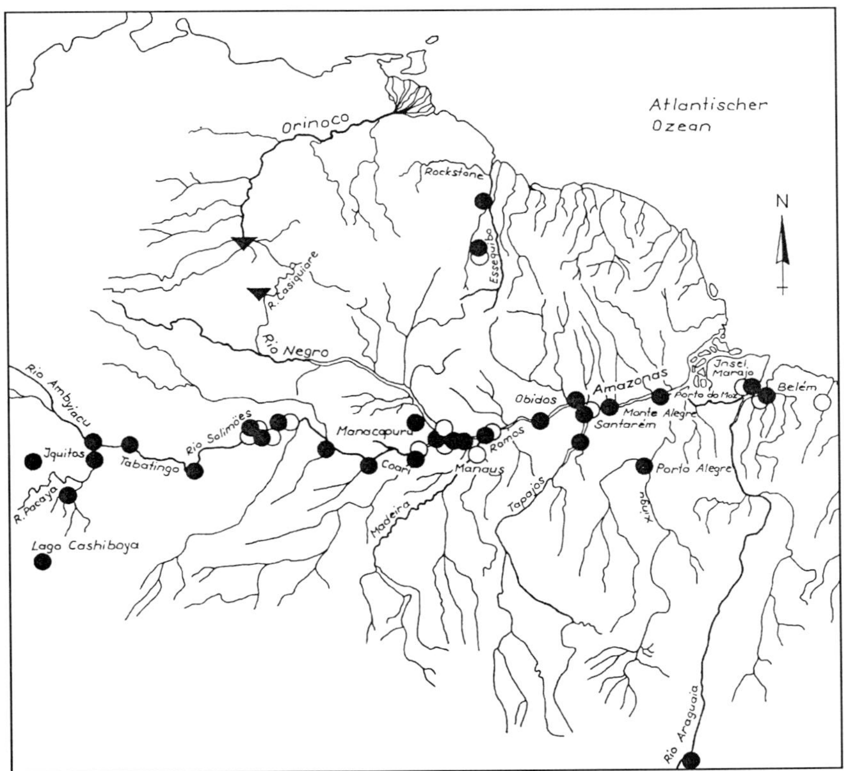

Abb. 8: Verbreitung der Arten der Gattung *Pterophyllum* in Südamerika. *P. scalare* (●), *P. altum* (▼), *P. leopoldi* (○). Grafik: nach SCHULTZ (1967).

Damit erstreckt sich das Verbreitungsgebiet der Segelflosser im tropischen Südamerika über mehrere geografische Regionen, die sich hinsichtlich ihrer Geomorphologie, ihres Klimas und damit auch ihrer Vegetation und Wasserverhältnisse mehr oder weniger stark unterscheiden.

Diese Unterschiede hängen mit der erdgeschichtlichen Entwicklung des Gebietes zusammen.

Im Nordosten und im Südsüdosten befinden sich die mäßig hohen Bergländer von Guyana und Brasilien. Im Westen zieht sich in nord-südlicher Richtung die junge Andenkette hin. Dazwischen liegen durchgehende, sich weit nach Osten bis zum Atlantik erstreckende Tiefländer. Diese geomorphologischen Strukturen sind erst in jüngerer Zeit in der heutigen Form entstanden.

Die erdgeschichtlich ältesten Teile werden von der sogenannten »Brasilianischen Masse« gebildet, von der heute noch die Bergländer Guyanas und Brasiliens aus den jüngeren Schichten herausragen. Diese Gebirgsteile bestehen aus alten Sedimenten, die bereits vor mehr als 520 Millionen Jahren (präkambrisch) gefaltet wurden. Sie sind sehr stark von Graniten und Gneisen durchsetzt. Niederschläge können daher aus ihnen nur noch sehr geringe Mengen mineralischer Bestandteile auslaugen.

Das heutige Amazonastiefland war lange Zeit eine im Osten geschlossene Meeresbucht, die sich zwischen den alten präkambrischen Sockeln der »Brasilianischen Masse« erstreckte.

Am Ende der Kreidezeit wurde die Andenkette im Westen aufgefaltet und damit die Meeresbucht vom Pazifik abgeriegelt. Die Bucht süßte aus und wurde mit den Sedimenten des jungen Faltengebirges aufgefüllt. Die von den benachbarten Bergländern herabfließenden Niederschlagsmengen bahnten sich als gewaltige Stromsysteme (Amazonas, Orinoco) durch das Sedimentationsbecken neue Wege. Sie führten nach Osten zum Atlantik. Damit war etwa die Situation erreicht, die wir heute kennen.

2.2 Ökologische Umweltbedingungen

Die Temperatur: Während im äquatorialen Amazonastiefland gleichmäßig hohe Lufttemperaturen von 24-26°C herrschen, deren geringe Tagesschwankungen noch die Extreme der Jahresschwankungen übertreffen, gibt es in anderen Regionen größere Temperaturunterschiede.

Nach PRAETORIUS (1932a, 1932b) beträgt die Wassertemperatur im Hauptstrom bei Manaus 23-30°C (ohne nächtliche Abkühlung). Der Tapajos ist im Durchschnitt 1-2°C wärmer. In den Stillwasserzonen von Buchten, Lagunen und anderen seenartigen Erweiterungen der Flüsse soll die Wassertemperatur bei Sonne auf 35-50°C (?) ansteigen und in der Regenzeit 27-30°C betragen. AXELROD (1976) ermittelte im Überschwemmungsgebiet des Rio Negro im September an knietiefen *Pterophyllum*-Fangplätzen 82-90 °F (28-32°C, d. Verf.). Für den mittleren Ucayali nennt STAECK (2002) 24-30°C, im Mittel 26°C.

Schattige schnellfließende Urwaldcreeks, in denen *Pterophyllum* jedoch weniger vorkommen dürfte, sind dagegen mit 20-24°C bedeutend kühler (PRAETORIUS 1932b).

LÜLING (1961) stellte am Caño Yarina im Rio-Pacaya-Distrikt an wolkenreichen Tagen nachmittags in 3 m Wassertiefe Temperaturen von 28,5-28,9°C fest.

Die Niederschläge: Im Beziehungsgefüge von Klima, Landschaftsrelief, mineralischer Bodenbeschaffenheit und Vegetation einerseits und dem physikalischen, chemischen und biologischen Charakter der Gewässer andererseits spielen die Niederschläge eine wichtige Rolle. Sie fallen im tropischen Südamerika in der Regel überaus reichlich und werden in manchen Regionen durch mehr oder weniger ausgeprägte Trockenzeiten oder zumindest regenarme Zeiten unterbrochen.

Sowohl das Amazonasdelta als auch die westlichen Regionen des Amazonasbeckens befinden sich in einem ausgesprochenen Dauerregengebiet mit maximalen Niederschlägen von Januar bis Mai beziehungsweise November und Dezember. Sie werden nur von zwei kurzen unbedeutenden Trockenzeiten unterbrochen. Anders ist es am mittleren Amazonas, wo eine drei- bis viermonatige Trockenzeit, etwa im Zeitraum Juni bis November eintritt, weil dann die Niederschlagszone der sogenannten »Innertropischen Konvergenz« nach dem Orinocogebiet ausweicht und hier von April bis Oktober ein Regenmaximum bringt.

Die Verhältnisse in Guyana gleichen denen in weiten Teilen Amazoniens, das heißt, es fallen fast das ganze Jahr über Niederschläge mit Maxima von April bis August (Große Regenzeit) und November bis Januar (Kleine Regenzeit). Dazwischen liegen zwei kurze regenarme Perioden.

Vor allem in den Hauptregenzeiten werden dem Amazonas aus seinen weiträumigen Einzugsgebieten (insgesamt etwa 7 Millionen qkm) gewaltige Wassermassen zugeführt, die im Mittellauf Wasserstandsschwankungen zwischen 10 und 15 m Höhe verursachen, und die ihn zum wasserreichsten Strom der Erde machen (abfließende Wassermenge im Jahr rund 37 Millionen km^3!). Im Unterlauf sind es die Gezeiten des Atlantiks, die sich noch über 600 km stromauf durch Wasserstandsunterschiede bemerkbar machen (NEEF 1962).

Je nach der Art und Menge der organischen und anorganischen Bestandteile des Wassers hat man drei Gewässertypen unterschieden, die wir als Weißwasser-, Klarwasser- und Schwarzwasserflüsse bezeichnen. Von Einzeluntersuchungen abgesehen (siehe FORNBÄCK 1996, LADIGES 1957, LINKE 1996, 2000, STAECK 1982, 2002a), haben vor allem SIOLI und BRAUN jahrelange, sehr gründliche, chemische und biologische Wasseruntersuchungen im Amazonasgebiet durchgeführt, die besonders von GEISLER (1954) ergänzt und für aquaristische Belange interpretiert wurden. Diese Angaben fanden bei der schematisch stark vereinfachten Darstellung der Gewässertypen, des Wasserchemismus und der Nahrungsverhältnisse Berücksichtigung.

Die auf die erdgeschichtlich junge Andenkette und ihre Vorgebirge niedergehenden Regenmassen schwemmen viele mineralische Bestandteile aus. Die hier entspringenden Flüsse haben milchigtrübes Wasser

(Amazonas mit Solimões, Madeira und andere). Sie werden daher »Weißwasserflüsse« genannt. Die Schwemmstoffe werden im Flussbett und an den Ufern abgelagert und bilden hier das oft mit Mangrove bestandene und von großen Seen durchsetzte Überschwemmungsland, die Varzea.

Einen zweiten Typ stellen die »Klarwasserflüsse« dar. Sie nehmen ihren Ursprung in den aus vorkambrischer Zeit stammenden alten Massiven des Brasilianischen Berglandes und des Hochlandes von Guyana oder aber im Amazonasbecken selbst und führen daher kaum anorganische Beimengungen mit sich. Ihr Wasser ist durchsichtig gelbbraun bis dunkeloliv. Der an ihren oft steilen Ufern wachsende, hohe Ur- oder Buschwald wird nicht überschwemmt. Eine geringe Varzeazone ist nur stellenweise vorhanden. Zu diesem Typ gehören der Rio Tapajoz, seine Quellflüsse Rio Sao Manoel und Juruena sowie der Xingu.

Da die Klarwasserflüsse keine Sedimente mit sich führen, arbeiten sie ihr Flussbett mit der Zeit immer weiter aus, und ihre zunächst starke Fließgeschwindigkeit nimmt ab. In den ausgewaschenen Überschwemmungstälern siedelt sich ein besonderer tropischer Waldtyp, der »Igapo«, an. Seine Zerfallsprodukte färben das klare Wasser durch Humusstoffe sehr dunkel. Auf diese Weise entsteht durch Übergänge ein dritter Gewässertyp, der »Schwarzwasserfluß«. Ein sehr typisches Beispiel hierfür ist der Rio Negro.

Der Wasserchemismus: Alle drei Gewässertypen, besonders die Klar- und Schwarzwasserflüsse, sind extrem arm an Härtebildnern, insbesondere an Kalkverbindungen (Gesamthärte der Weißwasserflüsse 3-5° [maximal 13-16°] der Klar- und Schwarzwasserflüsse teilweise weniger als 0,5°). Ebenso fehlen Nitrate, Sulfate und Chloride weitgehend. Dagegen enthält das Schwarzwasser oft verhältnismäßig viel freie Kohlensäure sowie gelöste organische Substanz und ist damit reich an Huminsäuren (pH-Wert in Schwarzwasserflüssen um 5, teilweise darunter, in Klarwasserflüssen um 6,5).

Während der Hauptregenzeiten schwellen die Flüsse gewaltig an, treten über ihre Ufer und überschwemmen teilweise weite Flächen. Zwei Faktoren werden damit wasserchemisch wirksam: Einmal eine erhebliche Verdünnung der an sich geringen anorganischen Beimengungen, was besonders im Tertiärgebiet des Amazonasbeckens zu einem weiteren Absinken der Härte auf etwa 0,3 °dGH führen kann. Andererseits werden die zeitweise überschwemmten Uferbezirke, soweit noch möglich ausgelaugt und damit neue Salze und andere Nährstoffe in den Wasserhaushalt eingebracht. Dieser mineralische Nährstoffeintrag ist jedoch so begrenzt, dass er den Verdünnungseffekt der großen Niederschlagsmengen nicht auszugleichen vermag.

Aus den überschwemmten Uferwäldern mit ihren faulenden Pflanzenmassen werden dagegen, vor allem in die Schwarzwasserflüsse, Huminsäuren und Nitrate eingebracht.

Die Nahrungsverhältnisse und Feindfaktoren: Segelflosser sind in erster Linie Fleischfresser, wofür ihr relativ kurzer Darm spricht. Aufgrund ihres hohen scheibenförmigen Körpers und ihres kleinen engständigen Maules bevorzugen sie wahrscheinlich kleinere Beutetiere, die ihnen in den mittleren und oberen Wasserschichten zur Verfügung stehen, oder die sie von versunkenem Geäst, Wasserpflanzen und allenfalls von der Wasseroberfläche absammeln können. Bodennahrung wird nur ungern aufgenommen.

Exakte Nahrungsanalysen stehen bei *Pterophyllum* noch aus. Lediglich KOLLER erwähnt 1927, dass der Darminhalt von zwei im Amazonas gefangenen Tieren aus »Insektenlarven und Wurmresten« bestand.

Im Verbreitungsgebiet der Segelflosser spielen wahrscheinlich in erster Linie Mückenlarven eine zeitbedingte große Rolle als Nahrungsobjekte. So fand Braun zu Beginn der Regenzeit am Tapajoz »auf einem Quadratmeter Bodenfläche bis zu 12 000 Bodentiere, hauptsächlich rote Mückenlarven der Gattung *Chironomus*« (zitiert nach GEISLER 1954). LÜLING (1970) berichtet von der Yarina Cocha, einer seenartigen Fluss-Schleife am mittleren Ucayali in Nordost-Peru, ebenfalls von riesigen Chironomidenschwärmen, die »sich am Abend zu einer Invasion in dem Luftraum über dem See und über den waldfreien, wassergrasbestandenen Ufern« steigerten. Tagsüber fand er auf der Wasseroberfläche »bis zu bettlakengroße Schichten von toten Chironomidenleibern«. Dicke Lagen zerriebener Chironomidenmassen fand er auch am Spülsaum und an der Bootsanlegestelle von Puerto Callao. Mückenlarven werden von den Segelflossern wohl hauptsächlich dann erbeutet, wenn sie zum Schlüpfen an die Wasseroberfläche streben.

Daphnien scheinen im Amazonasgebiet weitgehend zu fehlen. Im Verlauf der fortschreitenden Regenzeit treten nach BRAUN jedoch andere Kleinkrebse, wie *Bosmia, Diaptomus* und *Cyklops* stärker hervor und bilden dann ein ideales Jungfischfutter. Wahrscheinlich ernähren sich die Segelflosser auch von Fischbrut, die während der Regenzeit verfügbar ist.

Schließlich wissen wir von Aquarienskalaren, dass sie zur Not auch Pflanzenteile fressen, wenn geeignete tierische Nahrung längere Zeit nicht verfügbar ist. Das veranlaßte BADE (1923) zu der falschen Feststellung, *Pterophyllum* sei in erster Linie Pflanzenfresser.

Allgemein kann man sagen, dass Regen- und Trockenzeiten im Jahresrhythmus die Qualität und Quantität des natürlichen Nahrungsangebotes der Segelflosser verändern.

Mit ihren Spezialanpassungen (Körperform, Tarnzeichnung) sind die Skalare in ihren Vorzugsbiotopen offensichtlich recht gut vor Freßfeinden geschützt, und ihre oft betonte Häufigkeit scheint der Beweis für den Erfolg dieser besonderen Cichlidenvariante zu sein. Namentlich die extreme Körperform stellt im Vergleich mit spindelförmigen Fischen ein recht »unhandliches« Nahrungsobjekt für solche Fischfresser dar, die ihre Beute unzerteilt verschlingen. Einen zusätzlichen Schutz vor *Cichla ocellaris*, *Crenicichla*-Arten, Piranhas, anderen räuberischen Großsalmler sowie großen Welsen finden Skalare nach STAECK (1982, 2002a) zwischen den Wurzeln und Zweigen von ins Wasser gestürzten Bäumen. Die oftmals gemeinsam mit Skalaren im gleichen Lebensraum angetroffenen Flaggencichliden, *Mesonauta festivus*, würden für sie keine Nahrungs- und Brutplatzkonkurrenten darstellen, weil diese oberflächennahe Wasserschichten bevorzugen, Skalare dagegen tiefere Regionen.

AXELROD (1976) weist auf Skalare aus den Überschwemmungsgebieten des Rio-Negro hin, denen Teile der Schwanz- und Afterflossen fehlten. Verursacher dieser Verletzungen schienen Piranhas zu sein, die unter zeitweiligen Hochwasserbedingungen mit *Pterophyllum* vergesellschaftet sind (BURGESS 1976). Die Standorte von Segelflossern und Piranhas sind nach LÜLING (1961b) in gemeinsam bewohnten Flussläufen (hier bezogen auf das Caño-Yarina-Gebiet) zwar benachbart, aber nicht identisch.

BÖHM (1957) nennt als Feinde von *Pterophyllum* allgemein »Raubfische, Ratten ... Vögel ... Schlangen und Alligatoren«. Er hebt hervor, dass nicht nur die Indios unseren Fisch als Leckerbissen schätzen, sondern auch die Weißen, die ihn mit Salz einreiben und mit Pfefferschoten in heißer Asche braten.

2.3 Einzelbeispiele für Segelflosserbiotope

Segelflosser leben sowohl im gezeitenbeeinflussten Mündungsdelta des Amazonas als auch in den weit entfernten und ganz anders gearteten Vorgebirgsflüssen der Anden. Sie kommen auch in allen drei Gewässertypen des Amazonasgebietes, in Weißwasser-, Klarwasser- und in Schwarzwasserflüssen vor und dokumentieren damit eine erhebliche ökologische Plastizität. Welche Lebensräume aber werden in den einzelnen Flussläufen besiedelt?

Bekannt ist, dass sie die turbulenten und von größeren Fressfeinden bevölkerten Strömungsrinnen meiden und dafür Stillwasserzonen, wie ruhige Flussbuchten, Lagunen sowie zeitweise überflutete, pflanzenreiche Schwemmlandstreifen bevorzugen. Solche Lebensräume beschreiben ARNOLD (1914) nach Angaben von SAGRATZKI vom Amazonas und Rio Negro sowie PRAETORIUS (1932a, 1932b, 1935) von der Mündung eines Klarwasserflusses (Tapajos) in den Amazonas. Danach lebt *Pterophyllum* in der unmittelbaren Nähe pflanzenreicher Ufer. Die Vegetation besteht teilweise aus Röhricht, das im Wasser lange feine Wurzeln bildet. Am Rande und unter diesen Pflanzen fand PRAETORIUS in bis zu 2 m Wassertiefe Schwärme von 15 bis 20 Segelflossern, stets mit *Mesonaute festivus* vergesellschaftet.

Eine ähnliche Biotopbeschreibung gibt LÜLING (1961a u. b) vom Rio Pacaya, einem trüben Weißwasserfluß im peruanischen Amazonasdistrikt. Das Wasser des Caño Yarina, eines Nebenflusses des Rio Pacaya, strömt zur Zeit des Niedrigwassers nur langsam an dem vielgestaltigen Gelegepflanzensaum des Ufers entlang. »Der pH ... beträgt 6,8. Ein schilfartiges Gras wächst von den Ufern weit in das Wasser hinein, zwischen dem sich an der Wasserseite die schwammigen Wurzelstöcke der schwimmenden Mimose (*Neptunea oleracea*) mit ihren zarten Fiederblättchen und den knopfförmigen gelben Blütenkölbchen, die ... Blattrosetten der *Pistia stratiotes* und die bläulich blühende Pontederazee *Eichhornia azurea* festhaken. Der Boden der Uferzonen besteht aus einem zum Teil sehr zähen, dunkelbraunen, tonigen, an manchen Stellen auch lehmigen Material, über dem die organischen Zersetzungsstoffe wegen der hohen Wassertemperatur (28,5 und 28,9 °C) sehr schnell zergehen«. Hier fand Lüling im 1-2 m tiefen Wasser große Scharen von *Pterophyllum scalare,* die seine Reusen regelrecht verstopfen. Die Segelflosser waren mit *Mesonauta festivus* vergesellschaftet. Außerdem kamen in ihrer unmittelbaren Nähe Schwärme von *Moenkhausia ceros, Ctenobrycon hauxwellianus* und einzelne *Hemigrammus* vor. STAECK (1982, 2002a) besuchte ebenfalls diese Region und notierte die ungewöhnlich hohe elektrische Leitfähigkeit des Wassers von 151-474, zumeist 200-250 μS/cm; einen pH-Wert zwischen 6,5-7,9; eine dGH und KH um 5° (Maxima 13° bzw. 16°) sowie Wassertemperaturen von 24-30°C (im Mittel 26°C).

BÖHM (1957) beschreibt die seichte Uferzone mit »Röhricht und Blättergewirr« einer seenartigen Ausbuchtung des Xingu als Segelflosserbiotop. STAWIKOWSKI & WERNER (1998) fingen sogar in deckungsarmen Freiwasserräumen der Häfen von Santarém und Alenquer Skalare, was deren große Anpassungsfähigkeit beweist.

AXELROD (1976) bereiste im September 1975 das Rio-Negro-Gebiet (Igarape Anapichi und Igarape Apania) bei extremem Hochwasser. Das Wasser war in diesem Überschwemmungsgebiet kaffeeschwarz, hatte eine Temperatur von 28-32°C und einen pH-Wert von 5, der Boden war sehr weich. Hier fing er nachts 8 Segelflosser im knietief überfluteten Dschungel. Als Begleitarten werden kleine Salmler (kleine Piranhas und *Leporinus*-Arten) genannt. STAECK (2002a) nennt für diese Region ebenfalls zur Hochwasserzeit konkretere Wasserwerte: dGH und KH unter 1° bei 10 μS/cm; pH-Wert 4,3-4,7; 26-29°C. LINKE (2000) ermittelte an Fundplätzen von *Pterophyllum altum* im Orinocogebiet eine Leitfähigkeit von 5-20, selten von 30 μS; eine dGH und KH unter 1°, daher kaum nachweisbar und einen pH-Wert von 4,5-5,5.

Besonders interessant sind die Biotopschilderungen von LADIGES (1951), weil sie von den bis dahin genannten abweichen und zeigen, »wie falsch es wäre, selbst für eine anscheinend so stark spezialisierte Form wie *Pterophyllum* begrenzte Angaben machen zu wollen«. LADIGES untersuchte unter anderem den Essequibo, einen Hochlandfluss in Guyana. An einer Geländeterrasse ragen Felsklippen in den Strom, die der benachbarten Siedlung Rockstone ihren Namen gegeben haben. Der Autor schreibt: »Der Fluss hat hier eine bedeutende Breite, fließt mit ziemlicher Geschwindigkeit und bildet, besonders in der Nähe der Klippen, zahlreiche Wirbel. Sein Wasser ist klar und von leicht bräunlicher Färbung. Die Ufer sind vielgestaltig, stellenweise dringen die Bäume des Waldes mit weit ausholenden eingetauchten Ästen in den Fluß vor. An anderen Stellen finden sich lehmige oder felsige Steilufer, flache Felsbänke, die in den Fluß hineinlaufen, breite, flache Sandbänke ohne jeden Pflanzenwuchs mit dahinterliegenden Altarmen, die mit dicken Polstern von Salvinien, flutendem Röhricht und zahlreichen aquatilen Pflanzen bedeckt sind.« Und weiter unten: »Besonders das Vorkommen von *Pterophyllum* in zahlreichen Exemplaren aller Größen auf diesen Klippen war höchst bemerkenswert, da der Fisch allgemein als in Röhrichtbeständen lebend angesehen wird. Nun fehlen solche nicht nur auf den Klippen, sondern auch in der weiteren Umgebung völlig. Das seltsame Benehmen des Fisches hier ließ darauf schließen, dass er offensichtlich in dieser Umgebung wohlfühlte. Bei Fangversuchen flüchteten die *Pterophyllum* nämlich genau wie die anderen Cichliden oft seitwärts liegend sofort in die engen Spalten des Gesteins und ließen sich nur unter größten Schwierigkeiten an den Flossen herausziehen.«

Die Klippen waren stark zerklüftet und mit Algenrasen dicht bewachsen. Außer *Pterophyllum* stellte LADIGES hier *Cichla ocellaris, Heros severus* und

Mesonauta insignis fest, außerdem Schwärme von Characiden (*Metynnis*- und *Chalceus*-Arten, nachts großäugige *Acanthocharax*- und *Moenkhausia*-Arten). Welse der Gattungen *Loricarichthys* und *Plecostomus* wurden ebenfalls nachts beobachtet.

FORNBÄCK (1996) entdeckte einen Trupp *Pterophyllum altum* in einer Felsspalte am Rio Atabapo und bewies damit, dass sich Skalare auch anderenorts in zerklüftetem Gestein verbergen, wenn bei Niedrigwasser im Uferbereich keine anderer Deckung vorhanden ist. Deshalb sind sie jedoch keine ausgesprochene »Klippenbewohner«.

Einzelne Segelflosser wurden von LADIGES auch in flachen strömungsarmen Buchten des Essequibo beobachtet. Fangversuche scheiterten stets an der Unmenge von Zweigen und Ästen, die dort im Wasser lagen. Hier wurden an Begleitfischen unter anderem *Chalceus macrolepidotus, Hemigrammus analis, Potamorraphis guianensis, Osteoglossum bicirrhosum* und *Cichlasoma*-Arten erwähnt. STAECK (2002a) und Begleiter besuchten den Essequibo bei Rockstone im Februar 1996 und notierten im bräunlichen mäßig klaren Wasser eine Temperatur von 24°C; einen pH-Wert von 5,6 und eine äußerst geringe elektrische Leitfähigkeit von 10 μS/cm.

Noch eigenartiger als der an den Klippen war ein *Pterophyllum*-Fundort auf der benachbarten Insel »Gluck Island«. LADIGES schreibt: »Etwa 4 m über dem Wasserspiegel des Flusses und höchstens 10 m vom Wasserrand entfernt fand ich in dieser Klippenformation eine badewannenähnliche, wassergefüllte Mulde von etwa 50 cm Tiefe, 10 m Länge und 3 m Breite. Das Wasser war grüngelb getrübt von Unmengen von Exkrementen, wahrscheinlich vom Wasserschwein stammend. Diese Exkremente häuften sich teilweise zu handhohen Schichten und bedeckten auch im zerfallenen Zustande den Grund vollständig in einer dicken Lage. Durch Zufall wurde eine Lebensregung wahrgenommen, die nur von einem Fisch stammen konnte. Tatsächlich fand sich eine Bewohnerschaft von etwa einem Dutzend *Pterophyllum scalare* und zahlreichen Salmlern. Die *Pterophyllum* hatten zum Teil eine Höhe von 12 cm. Alle erbeuteten Fische waren, als sie gefangen wurden, nahezu pigmentlos, so fehlten den Segelfischen die Querbänder fast vollständig. Erst nach einer Haltung in klarem Wasser zeigten sie ein normales Aussehen. Der Pigmentmangel ist wohl durch den Mangel an Licht in dem stark getrübten Wasser zu begründen. Die Wasseransammlung dürfte aus der vorhergegangenen Hochwasserperiode des Flusses während der Hauptregenzeit übriggeblieben sein und auch während dieser Zeit ihre Bewohnerschaft erhalten haben. Unverständlich ist nur, wie es die sonst so empfindlichen *Pterophyllum* in diesem Wasser mit einem sicherlich durch die Fäulnis sehr geringen Sauerstoffgehalt ausgehalten haben.« Dieses Beispiel bestätigt die breite ökologische Plastizität der Segelflosser und die Tatsache, dass die Tiere durch die periodischen Hochwasser von ihren Einstandsgebieten aus in andere Gewässerteile verfrachtet werden können.

Trotzdem bezweifelten FREY (1954) und GRAHL (1954) als Vertreter der damals vorherrschenden »Röhricht- oder Schilf-Hypothese« die Beobachtungen an den Klippen von Rockstone, worauf LADIGES (1954) erwiderte, dass es bei der Biotopbeschaffenheit vor allem auf den Strömungsschatten ankomme, da Segelflosser als schlechte Schwimmer die Strömung meiden. Es sei dabei völlig gleichgültig, ob die Strömungsruhe nun durch Klippen, Schwemmholz oder durch die Ufergestaltung verursacht wird.

Nach STAECK (1982, 2002a) und auch LINKE (2000) sind in den von ihnen besuchten natürlichen Lebensräumen der Segelflosser – wenn man von Schwimmpflanzen absieht – wegen der starken Trübung in Weißwasser- und Braunfärbung in Schwarzwasserflüssen sowie wegen der erheblichen Wasserstandsschwankungen (oftmals) überhaupt keine untergetauchten Wasserpflanzen zu finden. Die Skalare fänden vor allem Schutz zwischen Wurzeln und Zweigen von ins Wasser gestürzten Bäumen. An solche durch das Astwerk vorwiegend vertikal strukturierten Lebensräume wären die Skalare mit ihren hohen schmalen Körpern in besonderem Maße adaptiert. Nach Beobachtungen der beiden Autoren fällt die zeitlich begrenzte Laichzeit der Skalare vielerorts mit dem Hochwasser zusammen. Dann sind die Urwaldbäume und Sträucher viele Meter hoch überflutet und ihre belaubten Zweige dienen als Laichsubstrat.

3 Körperbau und Körperfunktionen

3.1 Die äußere Gestalt

Die Formenmannigfaltigkeit der Fische ist das Ergebnis der verschiedenartigsten Evolutionstrends. ABEL (1912) unterscheidet 12 Grundformen von Fischkörpern, von denen die Spindel- und Torpedoform, die bilateralsymmetrisch komprimierte, die dorsoventral abgeplattete, die Aal-, Pfeil-, Band- und Kugelform wohl die bekanntesten sind. Sie alle haben sich in enger Wechselwirkung mit den jeweiligen Umweltverhältnissen im Verlauf einer langen stammesgeschichtlichen Entwicklung herausgebildet.

Die extreme Körperform der Segelflosser entspricht weitgehend dem bilateralsymmetrisch komprimierten Typ. Aber nur selten ist diese Körperform gleichzeitig so sehr verkürzt, und selten wird sie durch derart extrem verlängerte Flossen in der Vertikalen betont, wie bei den Segelflossern. Diese Merkmale lassen gewisse Rückschlüsse auf das Leistungsvermögen und auf die Umweltverhältnisse zu.

Eine größtmögliche Geschwindigkeit und Ausdauer bei der Fortbewegung im Wasser wird am vollkommensten durch die Spindelform erreicht, wie sie die Makrele, *Scomber scombrus,* in idealer Weise aufweist. Sie ist ein Höchstleistungsschwimmer, dessen Hauptantrieb durch wellenförmige Körperbewegungen erzeugt wird. Je extremer ein Fischkörper von dieser Idealgestalt und Bewegungsweise abweicht, umso mehr ist seine Schwimmfähigkeit, zumindest aber seine Schnelligkeit und Ausdauer herabgesetzt. Derartige Eigenschaften sind im »Kampf ums Dasein« im allgemeinen sehr wichtig. Nur wo die Schnelligkeit aufhört, im Leben einer Art eine bedeutende Rolle zu spielen, weil sie durch andere ausgleichende Faktoren, zum Beispiel durch Tarnung, Panzerung, schutzbietende Habitatstrukturen und dergleichen ersetzt wird, kann auf die Spindelform ohne Gefahr des Aussterbens verzichtet werden!

Skalare sind keine schnellen und ausdauernden Schwimmer. Sie haben diese Eigenschaften im Zuge einer immer vollkommeneren Anpassung an die Umwelt bis zu einem bestimmten Grade eingebüßt und durch eine umso wirkungsvollere Tarnung durch Körperform und Färbung ersetzt.

Das bestätigen die Besonderheiten der Flossen, deren Anordnung, Größe und Gestalt in enger Wechselwirkung zur Größe, zur Form und zum Schwerpunkt des Fischkörpers sowie zur Lebensweise der Segelflosser stehen. Wir unterscheiden zwei Gruppen von Flossen, die medianen oder unpaaren (Rücken-, Schwanz- und Afterflosse) sowie die paarigen (Brust- und Bauchflossen).

Die Schwanzflosse ist bei *Pterophyllum* abgestutzt (= allgemeiner Hinweis auf relativ langsameres Schwimmen) und merklich vertikal vergrößert. Damit wird sie zum kräftigsten Antriebsorgan, denn mit seinem kurzen hohen Körper kann ein Segelflosser keine effektive wellenförmige Bewegung ausführen. Neben einer ruhigen Fortbewegungsart sind mit der großflächigen Schwanzflosse aber auch plötzliche Fluchten über kurze Distanzen hinweg möglich, auf die auch ein gut getarnter Fisch selten verzichten kann.

Rücken- und Afterflosse wirken vor allem als Kiel; mit dem hinteren weichstrahligen Lappen der Rückenflosse wird aber auch ein gewisser Vortrieb erzeugt.

Man kann vermuten, dass die besondere Größe und Form der Rücken- und Afterflosse (und auch der Bauchflossen) in einem bestimmten Verhältnis zur Körperhöhe der Segelflosser stehen und somit physikalisch bedingt sind. Wie wir jedoch von den nahe verwandten Diskusbuntbarschen und anderen scheibenförmigen Fischen wissen, muß das nicht zwangsläufig so sein. Deshalb wäre zu überlegen, ob sie bei den Skalaren, neben einer sicher nicht abzustreitenden physikalischen Funktion, nicht auch einen optischen Vorteil im Sinn einer besseren Tarnung in vorwiegend vertikal strukturierter Umwelt bieten. Das wesentlichste Element der Körperzeichnung, die dritte schwarze Hauptbinde, reicht vom obersten Ende der Rückenflosse bis zum untersten Zipfel der Afterflosse und stützt damit diese These. Ein solcher Entwicklungstrend im Dienst der Körpertarnung (Somatolyse) findet gewöhnlich erst dort seine Begrenzung, wo er beginnt, für die betreffende Art hinderlich und damit existenzgefährdend zu werden. Wildlebende Segelflosser haben daher auch kein so monströses Flossenwerk, wie besondere Aquarienstämme (LÜLING 1961b).

Die paarigen Flossen sind an der Aufrechterhaltung des Körpergleichgewichtes sowie an Richtungsänderungen (vor allem nach oben und unten) beteiligt. Die Brustflossen zeigen, wie gewöhnlich auch bei anderen Fischen, die geringsten spezifischen Anpassungen. Sie ermöglichen außer den genannten Lagekorrekturen ein langsames Vorwärtsschwimmen und erfüllen als hauptsächlichste Bremsorgane wichtige Aufgaben.

Die Bauchflossen haben dagegen keine Antriebsfunktion. Sie wirken als Steuerelemente und Gegenkräfte bei den Bremsbewegungen der Brustflossen. Im Zug der Längsachsenverkürzung sind sie bei *Pterophyllum* besonders weit nach vorn gerückt. Ihre bedeutende Länge und die Art und Weise ihres Gebrauchs bei raschen Bewegungen (Beutejagd, Kampf) lassen darauf schließen, dass sie bei den hohen Fischen eine besondere Art Raumankerfunktion erfüllen.

Auf spezielle Bewegungsweisen der Segelflosser wird in Kapitel 4 nochmals eingegangen.

Abschließend können wir feststellen, dass der *Pterophyllum*-Körper mit seinen extremen Proportionen keine geeigneten Voraussetzungen für das Leben in stark bewegtem Wasser hat. Er ist an Stillwasserzonen angepaßt und bietet hier in stark strukturierter Umwelt den Vorteil von Tarnung und großer Wendigkeit.

3.2 Haut, Schuppen, Pigmente

Die Haut der Segelflosser wird, wie bei allen Wirbeltieren, aus einer äußeren Epidermis und einer darunter liegenden Lederhaut oder Cutis gebildet. Noch tiefer befindet sich ein (Unterhaut-) Bindegewebe, das mitunter Fettablagerungen enthält.

Die Epidermis besteht aus einem vielschichtigen Epithel. Es ist weich, nur die oberste Zellreihe bildet ein verhorntes, jedoch leicht verletzbares Häutchen. In die darunter befindlichen Zellschichten sind zahlreiche größere Drüsenzellen (Schleim- und Körnerzellen) eingelagert.

Die muskulösen becherförmigen Schleimzellen produzieren ein Sekret, das die Haut vor nachteiligen äußeren Einflüssen der verschiedensten Art und vor Parasiten schützt, und das außerdem zur Verringerung des Reibungswiderstandes beim Schwimmen beiträgt. Gut entwickelt sind bei *Pterophyllum* auch die Körnerzellen. Sie enthalten ein homogenes körniges Sekret, das auch nach außen abgeschieden wird und wahrscheinlich ebenfalls eine Schutzfunktion erfüllt. Ein dritter Drüsenzellentyp, die schreckstoffproduzierenden Kolbenzellen, fehlen dagegen bei den Skalaren (PFEIFFER, zitiert nach KUNATH 1962).

Die Lederhaut enthält Bindegewebe, Blutgefäße, Muskeln, Nerven und Schuppen. Letztere wölben die darüberliegende Epidermis dachziegelartig auf. Außerdem sind hier die meisten Farbzellen vorhanden, die entsprechend der Lage und Ausdehnung der einzelnen Pigmente die charakteristische Zeichnung und Färbung der Segelflosser hervorrufen.

Abb. 9: Ctenoidschuppe von *Pterophyllum scalare* mit Seitenlinienkanal. Foto: K. IMLAU.

Als wichtigste Cutisbildung müssen wir die Schuppen ansehen. Sie sind in unterschiedlicher Form und Größe fast auf dem ganzen Körper der Segelflosser angeordnet und fehlen lediglich an Stirn, Nase, erstem Orbitalknochen und Unterkiefer. Auch die basalen Teile der medianen Flossen tragen Schuppen, besonders die Afterflosse. Sie erscheint daher am Ansatz relativ starr und unbeweglich.

Wie die meisten Barschartigen (Acanthopterygii) haben die Segelflosser vorwiegend Kamm- oder Ctenoidschuppen. Diese sind von allen Schuppentypen am höchsten entwickelt und stammesgeschichtlich aus Rund- oder Cycloidschuppen hervorgegangen. Kammschuppen tragen an ihrem hinteren (caudalen) Ende, das in die obere Epidermis hineinragt, viele kleine Zähnchen. An Wangen, Kiemendecken und Flossenbasen kommen aber auch echte Rundschuppen vor.

Charakteristisch für Ctenoid- und Cycloidschuppen sind viele konzentrische Zuwachsstreifen, die im Verlauf der Individualentwicklung durch Anlagerung neuer Baustoffe entstehen. Sie werden teilweise von Radiärleisten unterbrochen, die der Ernährung der Schuppen dienen.

Die Seitenlinienschuppen (Abb. 9) kann man deutlich an ihren tunnelartigen Aufwölbungen erkennen. Sie enthalten Nervenbahnen und Sinneszellen. Am Hinterrand und in der Nähe des Vorderrandes befindet sich je eine Öffnung, durch die das Wasser zu den verborgenen Sinneszellen des Seitenlinienorgans eindringen kann.

Über die variierende Zahl und Anordnung der Schuppenreihen wurde bereits im Kapitel 1 berichtet.

Bei den Farbzellen oder Chromatophoren unterscheiden wir schwarze Melanophoren, gelbe Xanthophoren und rote Erythrophoren. Außerdem sind Guanophoren vorhanden, die reflektierende Kristalle enthalten und auf diese Weise bei Lichteinwirkung den schönen Silberglanz der Segelflosser hervorrufen.

Die schwarze Querbänderung der Wildskalare entsteht durch eine Ansammlung von Melanophoren an bestimmten vertikalen Zonen des Körpers und der Flossen. Es sind sternförmige Farbzellen mit vielen Fortsätzen, die vom Zentrum nach allen Seiten ausstrahlen. Eine Veränderung der Farbintensität wird durch Verlagerung der bräunlichen bis blauschwarzen Melaninkörner innerhalb der Zellen erreicht. Unter dem Einfluß sympathischer Nervenfasern, von denen jede Melanophore versorgt wird, wandern die Pigmentkörner durch schmale radiäre Plasmakanäle vom Mittelpunkt der Zelle bis in die peripheren Fortsätze oder in umgekehrter Richtung.

Die Nervenfasern stehen mit dem Zentralnervensystems in Verbindung, von wo aus die Körperfärbung und Zeichnung entsprechend der jeweiligen, von inneren und äußeren Faktoren abhängigen »Gemütsverfassung« der Segelflosser beeinflußt wird. Außer den nervösen Steuermechanismen wirken hormonale Einflüsse auf die Färbung ein. Eine gleichmäßige Ausbreitung des Melanins über alle Verzweigungen der Farbzelle läßt diese groß und dunkel erscheinen, die Konzentration der Farbkörper im Zellmittelpunkt wirkt dagegen aufhellend. Bestimmte Brauntöne, das prächtig leuchtende Blau der Bauchflossen und andere Farbnuancen entstehen durch Überlagerung verschiedenartiger Farbzellen.

Die Bildung des Melanins hängt mit den Grundfunktionen der Leber und der Entstehung der Blut- und Gallenfarbstoffe zusammen. Nach SUWOROW (1959) kann man daher diese Pigmentablagerungen als »örtliche Akkumulationen von Stoffwechselprodukten« auffassen. Auch die Guaninkristalle entstehen als Exkretionsprodukte beim Abbau von Purinbasen. So betrachtet, sind Pigmentzellen nicht nur für die Haut charakteristisch, sondern ebenso Bestandteile der inneren Organe.

Die ersten Pigmente entstehen beim Embryo in der Darmregion und wandern von hier zum Teil in andere Körperbereiche. Die ursprüngliche Bedeutung der Chromatophorensysteme ist daher wahrscheinlich im Stoffwechselkreislauf zu suchen, und das äußere Farbkleid der Fische wäre demnach lediglich ein sekundärer entwicklungsphysiologischer Nebeneffekt (SUWOROW 1959).

Dieser Nebeneffekt hat sich im Verlauf der Stammesgeschichte der Tiere als überaus nützlich erwiesen und zu einem, in mehrfacher Hinsicht bedeutungsvollen, ja man muß sagen, lebenswichtigen Faktor entwickelt. Wenn sich die Geschlechter bei *Pterophyllum* auch nicht in der Färbung voneinander unterscheiden, so spielen Farbveränderungen als optische Schlüsselreize in ihrem Sozialleben doch allgemein eine große Rolle.

Die Hauptwirkung der Körperzeichnung und Färbung besteht bei *Pterophyllum* in der Tarnung, auf die die relativ langsamen und wehrlosen Fische angewiesen sind. Ihr charakteristisches Streifenmuster soll die Körperkonturen in entsprechender Umgebung optisch auflösen. Es hat eine »somatolytische« Schutzwirkung. Sie wird dadurch verstärkt, dass die erste Querbinde mitten durch das Auge verläuft und somit zusätzlich als Augentarnung dient, wie wir sie von vielen Wirbeltieren kennen.

Hinzu kommt die Wirkung der dunklen Rückenfärbung. Sie hebt sich vom Untergrund kaum ab, schützt also vor Freßfeinden »von oben«, zum Beispiel vor Reihern. Die vorwiegend silberhelle Bauch- und Seitenfärbung schützt dagegen vor Feinden, die den Segelflosser von unten, gegen die helle Wasseroberfläche, anpeilen.

Auf die Farbabweichungen der Zuchtformen wird im Kapitel 6 eingegangen.

3.3 Skelett und Muskulatur

Das Fischskelett ist ein kompliziertes Gebilde. Es gewinnt an Übersichtlichkeit, wenn man seine einzelnen Elemente nach ihren Funktionen ordnet. So kann man das Achsenskelett, das Skelett der unpaaren und paarigen Flossen und schließlich das Kopfskelett voneinander unterscheiden (Abb. 10). Die einzelnen Skelettelemente entstehen in bestimmten Bindegewebsbezirken, um dem Körper einen allgemeinen Halt zu geben. Sie sollen ferner das empfindliche Zentralnervensystem (Gehirn und Rückenmark) schützen und schließlich Ansatzpunkte für die Muskulatur sein. Wie die äußere Körperform von *Pterophyllum* vermuten läßt, weist auch sein Knochenbau eine Reihe von Besonderheiten auf.

Die Grundlage für das Achsenskelett bildet die sogenannte Rückenseite (Chorda dorsalis). Sie wird während der Embryonalentwicklung der Segelflosser zwar noch angelegt (Abb. 31), anschließend jedoch, wie bei allen höher entwickelten Fischen, durch eine knöcherne, wesentlich differenziertere und damit auch leistungsfähigere Wirbelsäule ersetzt. Diese bildet dann den eigentlichen, bei *Pterophyllum* stark verkürzten Stützstab des Körpers. Er enthält lediglich in den knorpeligen Zwischenwirbelscheiben isolierte Reste der Chorda dorsalis.

Die zylindrischen Wirbel sind vorn und hinten ausgehöhlt (amphicoel) und tragen Fortsätze. Oberseits sind es bogenförmige Neurapophysen, die das Rückenmark umschließen und mit je einem Dornfortsatz enden. An den seitlichen Querfortsätzen der Rumpfwirbel setzen die ebenfalls sehr langen Rippen an. Bei den Schwanzwirbeln bilden die langbedornten Querfortsätze einen Kanal, durch den die Aorta verläuft. Sie heißen deshalb Hämalapophysen.

Abb. 10: Skelett von *Pterophyllum scalare* (erwachsenes Männchen). Röntgenaufnahme: METKE.

Der letzte Schwanzwirbel ist bei *Pterophyllum,* wie bei den meisten höheren Knochenfischen, zu einem »Urostyl« etwas nach oben aufgebogen (Abb. 11). Auf diese Weise wird der Trägerapparat für die äußerlich symmetrische Schwanzflosse fast nur von den ehemals unteren, jetzt nach hinten gerichteten und stark umgewandelten Wirbelfortsätzen gebildet und nicht, wie man nach dem äußeren Erscheinungsbild vermuten könnte, von den unteren und oberen Forsätzen gleichermaßen. Dieser Konstruktionstyp der Schwanzflosse wird als »homozerk« bezeichnet, was sich, wie wir gesehen haben, jedoch nur auf ihre äußerliche Symmetrie bezieht. Im Grunde stellt die homozerke Schwanzflosse aber eine extrem verkürzte heterozerke Flosse dar, wie sie bei den Haien und Stören vorkommt. Bei diesen Formen reicht das aufwärts gebogene Wirbelsäulenende bis in die Spitze des oberen Lappens ihrer asymmetrischen Schwanzflosse hinein.

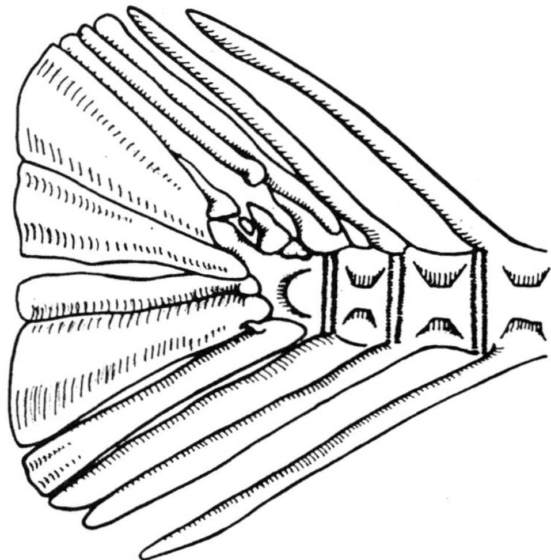

Abb. 11: Homozerkes Schwanzwirbelende von *Pterophyllum scalare* mit aufwärtsgebogenem Urostyl. Grafik: Original.

Die Strahlen der beiden anderen unpaaren Flossen (Rücken- und Afterflosse) stehen auf kammförmigen Trägerapparaten, die mit ihren langen Knochenspießen, den Zwischendornenknochen, tief in die Muskulatur eingebettet sind und hier mit den Neural- beziehungsweise Hämaldornen der Wirbelsäule abwechseln. Auf diese Weise finden sie den notwendigen Halt im Segelflosserkörper, ohne eine direkte Verbindung mit der Wirbelsäule einzugehen. Diese Trägerapparate sind bei *Pterophyllum* weitaus stärker ausgebildet, als bei Fischen mit kleinerer Rücken- und Afterflosse.

Die paarigen Brust- und Bauchflossen entsprechen entwicklungsgeschichtlich den Extremitäten der Landwirbeltiere und sind wie diese an einem Schulter- und Beckengürtel inseriert. Der Schultergürtel ist über eine Reihe von Knochen mit dem Schädelskelett verbunden. Der Beckengürtel liegt dagegen bei vielen Fischen frei in der Bauchmuskulatur. Bei den Barschartigen, und somit auch bei *Pterophyllum,* sind die Beckenknochen jedoch durch Verbindungsstücke mit dem Schultergürtel vereinigt. Dieses Bauprinzip bildet die Voraussetzung für die Entwicklung eines leistungsfähigen Widerlagers für die stark verlängerten Bauchflossen.

Am Kopfskelett (Abb. 12) unterscheiden wir den Hirnschädel (Neurocranium), in dem die wesentlichsten Teile des Zentralnervensystems und der Sinnesorgane lokalisiert sind, von dem darunter liegenden Kieferapparat (Visceralcranium). Er dient der Nahrungsaufnahme. Im Anschluß daran finden wir das Kiemenskelett, aus dem auch die Kieferknochen im Verlauf der Stammesgeschichte der Wirbeltiere hervorgegangen sind.

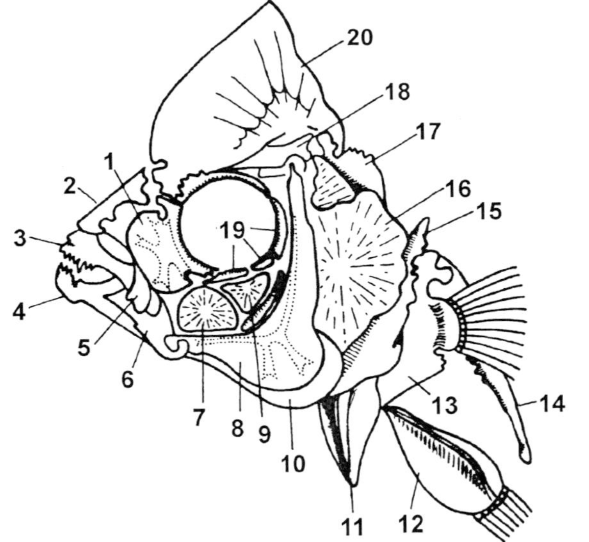

Abb. 12. Schädel von *Pterophyllum scalare*.
1 Lacrimale,
2 Frontale,
3 Praemaxillare,
4 Dentale,
5 Maxillare,
6 Articulare,
7 Quadratum,
8 Praeoperculare,
9 Metapterygoid,
10 Interoperculare,
11 Coracoid,
12 Pelvis,
13 Scapula,
14 Postcleitrum,
15 Suboperculare,
16 Operculare,
17 Supracleitrum,
18 Parietale,
19 Circumorbitalia,
20 Supraoccipitale.
Grafik: Original.

Bei den Segelflossern ist der Kieferapparat relativ klein und schwach entwickelt. Dafür tragen sie auf dem Hirnschädel einen sehr hohen Knochenkamm (Supraoccipitale) als Ansatzfläche für die Rumpfmuskulatur. Die Kiemendeckelknochen sind weit abwärts gezogen und entsprechen gemeinsam mit dem hohen Knochenkamm der vertikalen Betonung des Segelflosserhabitus.

Es ist nicht verwunderlich, dass sich die große Variabilität von *Pterophyllum scalare* nicht nur im äußeren Erscheinungsbild, sondern auch in den Proportionen der Schädelknochen widerspiegelt. Bei den »sattelnasigen« Phänotypen steigt die Frontlinie des Supraoccipitale sehr steil an und bildet einen deutlich sichtbaren Winkel zum Frontale und damit den bekannten Knick über der Schnauze. Bei *Pterophyllum leopoldi* und bei den flachstirnigen *eimeckei*-Skalaren ist der Winkel zwischen den beteiligten Knochen kaum erkennbar. Aber auch an anderen Schädelknochen, zum Beispiel am Praeorbitale, Quadratum und Praeoperculum lassen sich Unterschiede feststellen.

Den größten Anteil an der Körpermasse hat die Skelettmuskulatur. Von ihr ist die Rumpfmuskulatur am stärksten ausgebildet. Sie zieht sich in langen und bei *Pterophyllum* auch relativ breiten Bändern an den Körperseiten vom Kopf bis zum Schwanz entlang. Über dem großen Seitenmuskel liegt im Rückenbereich ein weiterer besonders stark ausgeprägter Längsmuskel, während in der Bauchgegend ein System schräger Muskeln wirkt.

Die Seitenbänder leisten durch alternierende Kontraktionen die Hauptarbeit bei schnellen Schwimmbewegungen und sind quer (transversal) in eine Folge von Segmenten (Myotome) geteilt, deren Anzahl der der Wirbel entspricht.

Komplizierter ist die Flossen- und vor allem die Kopfmuskulatur gebaut. Rücken- und Afterflossenstrahlen werden vorwiegend von je einem Paar Antagonisten aufgerichtet und niedergelegt. An der Schwanzflosse wirken dorsal und ventral je ein Beuger, die von der Seitenmuskulatur überlagert werden. Ferner sind die einzelnen Flossenstrahlen miteinander durch feine Muskelbündel verbunden, die das Zusammenfalten ermöglichen.

Die große Beweglichkeit der Brustflossen wird durch das Zusammenspiel mehrerer verschiedenartiger Muskeln ermöglicht. Auf sie kann aus Platzgründen ebensowenig eingegangen werden, wie auf die differenzierte Kopfmuskulatur, bei der jeder Muskel seine Sonderaufgabe hat, bei der Bewegung der Augen, Kiefer, Kiemenbögen usw.

3.4 Verdauungsorgane und Schwimmblase

Wegen seiner kurzen Kiefer ist das Maul der Segelflosser im Verhältnis zu dem anderer Cichliden recht klein. Die einspitzigen Zähne sitzen an Prämaxillare und Dentale auf besonderen Zahnleisten. Diese bilden von innen nach außen ständig neue Zahngenerationen. Die Zähne zeigen daher eine reihenweise Anordnung und nehmen von innen nach außen an Größe zu. Die kleinen inneren stecken locker im Bindegewebe, die größeren der äußeren Reihe sind beweglich in besonderen Knochentaschen der Kiefer inseriert.

Auf den Innenkanten der Kiemenbögen stehen die kleinen, nicht sehr zahlreichen Kiemenreusenzähnchen. Sie verhindern, dass Nahrungsteile durch die Kiemenspalten nach außen gelangen. Am hinteren Mundhöhlenausgang befinden sich die vom letzten (fünften) Kiemenbogenpaar gebildeten, mit kleinen, meist zweispitzigen Zähnchen besetzten Schlundknochen (Abb. 13). Sie sind zu einer unteren dreieckigen Platte zusammengewachsen, mit der die Nahrung gegen eine darüberliegende Reibeplatte, den Gaumenwulst, gedrückt wird. Auf diese Weise grob zerkleinert, gelangt sie dann durch einen kurzen Schlund (Oesophagus) in den Magen und damit in den Bereich der Leibeshöhle.

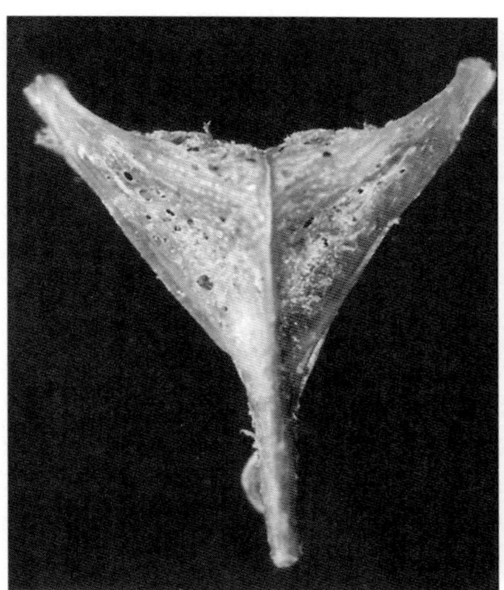

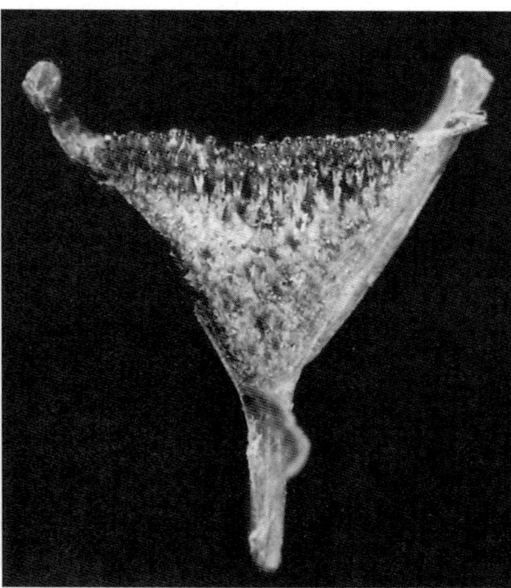

Abb. 13: Schlundknochen von *Pterophyllum scalare*, links Unterseite mit Verwachsungsnaht, rechts Oberseite mit Schlundzähnen. Foto: K. IMLAU.

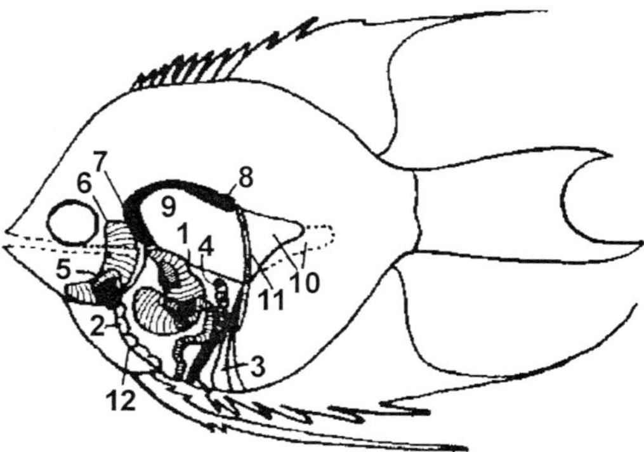

Abb. 14: Die beengten Leibeshöhlenverhältnisse bei *Pterophyllum scalare* (Männchen). Leber, Gallenblase und Milz wurden zwecks besserer Übersicht entfernt. 1 Darmtrakt mit Divertikel, 2 Fett, 3 erste Flossenträger der Analis, 4 senkrecht stehende Gonaden, 5 Herz, 6 Kiemen, 7 Kopfniere, 8 Niere, 9 Schwimmblase, 10 hintere Schwimmblasenzipfel, 11 erster unterer Wirbeldorn der Schwanzregion, 12 Bauchfell. In Anlehnung an KOLTZER (1952/1953). Grafik: Original.

Bei der extremen Körpergestalt von *Pterophyllum* kann man vermuten, dass auch seine Leibeshöhle mit den darin enthaltenen Organen von den Verhältnissen abweicht, die wir bei normalgestalteten, also spindelförmigen Fischen antreffen. Tatsächlich bietet der stark verkürzte und extrem lateral abgeflachte Segelflosserrumpf der Leibeshöhle nur geringe Ausdehnungsmöglichkeiten, zumal die nach vorn verlängerte Afterflosse mit ihrem Trägerapparat zusätzlich als einengender Faktor wirkt. Das bedingt eine Verkürzung und Erhöhung des Körperhohlraumes und eine Verlagerung von After- und Genitalöffnung weit nach vorn (Abb. 14).

Wie KOLLER (1927) und eingehender KOLTZER (1952/53) dargestellt haben, zwingt die Raumbegrenzung der Leibeshöhle die inneren Organe zu einer Drehung aus der Normallage. Der Darmtrakt ist trotz seiner Kürze spiralförmig aufgerollt. Er erweitert sich kurz hinter dem Schlund zu einem länglich-sackförmigen dünnwandigen Magen. Dieser trägt rechtsseitig eine zitronenförmige Ausstülpung (Divertikel). Das Verdauungsrohr geht dann ohne deutlich sichtbare Begrenzung in den Mitteldarmabschnitt und dieser in den kurzen Enddarm über.

Die Leber überlagert linksseitig den Darmtrakt, füllt auch den Raum zwischen ihm und der vorderen Leibeshöhlenbegrenzung aus und kann sich mit ihrem vorderen Rand bis auf die rechte Seite erstrecken. An der Innenseite des mittleren Leberabschnittes sitzt die grüngelblich gefärbte Gallenblase. Ihr Ausführgang mündet in den erweiterten Darmanfang. Zwischen Darmschleifen und Leber liegt die Milz. Sie hat etwa die gleiche Größe wie die Gallenblase. Die Bauchspeicheldrüse hat bei *Pterophyllum,* wie bei allen Knochenfischen, keine kompakte Form, sondern ist strangbeziehungsweise inselförmig anderen Organen angelagert.

Der Verdauungsvorgang beginnt im Magen mit der Zerlegung von Eiweißen in Peptone. Das geschieht durch Pepsin und verdünnte Salzsäure bei saurem pH-Milieu. Die eigentliche Verdauung und Resorption des Nahrungsbreies erfolgt dann im Mitteldarm unter Beteiligung weiterer Verdauungssäfte.

Das Trypsin und Chymotrypsin zerlegt Resteiweiße in Peptone, Erepsin spaltet die Peptone in resorbierfähige Aminosäuren auf. Da Speicheldrüsen in der Mundhöhle fehlen, beginnt die Kohlehydrataufspaltung erst unter Einwirkung von Amylasen und Lipasen im Mitteldarm. Das geschieht bei neutralem bis alkalischem pH-Wert. Die Fettspaltung erfolgt durch Steapsin mit Unterstützung von Gallensaft. Die Spaltprodukte – Glycerin und Fettsäuren – werden dann über die Darmwandzellen in das Lymph- und Blutgefäßsystem transportiert. Ein Teil der Verdauungssäfte entsteht in den großen Darmanhangdrüsen Leber und Bauchspeicheldrüse. Die Leber speichert außerdem Glykogen und Fett.

Als Kleintierfresser nutzen die Segelflosser die Enzyme ihrer Beutetiere (Mückenlarven und Kleinkrebse) voll für die Verdauung aus. Natürlich ernährte Skalare brauchen daher einen großen Teil der erforderlichen Verdauungssäfte nicht selbst zu produzieren.

Der kurze Enddarm hat fast nur noch eine ableitende Funktion. Sowohl KOLLER als auch KOLTZER weisen darauf hin, dass die hier zitierte topografische Organverteilung gelegentlich variiert. So kann die normalerweise linksseitige Leber auch rechts angelegt sein. Gut ernährte Segelflosser zeigen mitunter reichlichen Fettansatz zwischen den Eingeweiden, der hauptsächlich den Darmschlingen in Form von Bändern und Lappen aufsitzt.

Im oberen Bereich der Leibeshöhle, jedoch außerhalb ihrer Membranauskleidung (also experitoneal), liegt die vorn sackartige, hinten zweizipfelige Schwimmblase. Die beiden hinteren Schwimmblasenzipfel haben im Rumpfabschnitt und damit in der kurzen Leibeshöhle keinen Platz und dringen bis weit in die Schwanzregion vor, wobei sie den knöchernen Trägerapparat der Afterflosse wäscheklammerartig umfassen. Meist ist der linke Zipfel länger als der rechte. Eine solche Schwimmblasenform trifft man häufig bei Fischarten an, die eine besonders lange, sich weit nach vorn erstreckende Analis aufweisen (z. B. auch bei den Anabantiden).

Die Schwimmblase ist eine Darmausstülpung. Bei vielen Fischarten besteht zeitlebens eine röhrenartige Verbindung mit dem Darm (Physostomi), bei anderen wächst sie wenige Tage nach der Geburt zu (Physoclisti). Zu der zweiten Gruppe gehören auch die Segelflosser. Bei erwachsenen Skalaren lassen sich Reste des Verbindungsganges (Ductus pneumaticus) mikroskopisch nicht mehr nachweisen (KOLTZER 1952/53). Statt dessen ist eine Gasdrüse (»Roter Körper«) vorhanden, die im Bedarfsfall Gas in die Schwimmblase abgibt. Ihr Gegenspieler, das »Oval«, kann wiederum Gas resorbieren. Auf diese Weise werden die hydrostatischen Aufgaben der Schwimmblase, den jeweiligen Erfordernissen entsprechend, realisiert.

Die Schwimmblase reguliert aber nicht nur das spezifische Gewicht des Fischkörpers, sondern sie hat auch bis zu einem gewissen Grad respiratorische Funktionen (O_2-Abgabe bei Bedarf) und spielt als Resonanzorgan bei der Lauterzeugung vieler Fische eine besondere Rolle. Inwieweit das auch auf Segelflosser zutrifft, ist nicht bekannt.

3.5 Exkretion, Geschlechtsorgane

Im Gegensatz zur Schwimmblase verbleibt die Niere im Bereich der Leibeshöhle. Sie liegt als schmales dunkelrotes Gewebeband unterhalb der Wirbelsäule. Ihr vorderer Teil biegt sich um die Schwimmblasenvorderwand bis fast zum Schlund herab und wird als »Kopfniere« bezeichnet. Dieser Abschnitt übt bei erwachsenen Skalaren keine Nierenfunktion mehr aus, sondern spielt als lymphoides Organ bei der Bluterneuerung eine wichtige Rolle. Der sich anschließende Rumpf- oder Urnierenabschnitt dient der Wasser- und Exkretableitung. Die aus dem Blut ausgefilterten Stoffe werden über den makroskopisch nicht erkennbaren Harnleiter abgeführt.

Segelflosser »trinken« nicht wie Meeresfische, nehmen aber passiv Wasser über das Maul und die Kiemen auf. Die hauptsächlichste Nierenfunktion besteht nun in der Entfernung von überflüssigem Wasser aus dem Körper. Dieses osmotische Regulativ ist notwendig, weil das Blut und das Gewebe der Segelflosser, wie das aller Süßwasserfische, eine höhere Salzkonzentration aufweisen als das Wasser, in dem sie leben. Die Niere wirkt also als Filter, indem sie aus dem Blut überflüssiges Wasser herausfiltert, die Salze aber zurückbehält.

Der abgeleitete Harn enthält außerdem Kreatin, Kreatinin sowie stickstoffhaltige Verbindungen (einschließlich Ammoniak, Harnsäure und Harnstoff), soweit diese Exkrete nicht durch die Kiemen ausgeschieden werden.

Die täglich produzierte Harnmenge ist (wie die passive Wasseraufnahme) temperaturabhängig. Aufgrund der Vergleichswerte von REICHENBACH-KLINKE (1970) kann man etwa annehmen, dass ein erwachsener Segelflosser von etwa 30 g Körpergewicht täglich etwa 3,5 ml Harn ausscheidet. Eine Gruppe von fünf adulten Skalaren produziert demnach je Woche etwa 123 ml Harn, was man bei der Beckenhygiene berücksichtigen sollte.

Die Gonaden, sowohl die Ovarien als auch die Hoden, sind bei *Pterophyllum* infolge der besonderen Leibeshöhlenverhältnisse fast vertikal gestellt, während sie bei langgestreckten Fischen eine vorwiegend horizontale Lage einnehmen. Sie bilden ein Paar Blindschläuche, die sich von der oberen Bauchfellauskleidung (dem Coelomdach) an der rückwärtigen Leibeshöhlenwand entlang nach unten erstrecken. Die Ovarien erscheinen als zwei gelbliche, oft mit Eiern prall gefüllte Säcke, die Hoden dagegen als einfache, wesentlich kleinere Schläuche. Die Ovarien beziehungsweise Hoden münden jeweils mit einem unpaaren Endabschnitt auf der Genitalpapille. Die des Weibchens befindet sich zwischen After und Mündung des Harnleiters. Die Männchen haben hinter dem After eine gemeinsame Austrittsöffnung für Exkrete und Spermien.

Ein bis zwei Tage vor dem Laichakt treten die Genitalpapillen deutlich sichtbar hervor und ermöglichen eine einwandfreie Geschlechtsbestimmung, falls das bis zu diesem Zeitpunkt anhand anderer Merkmale noch nicht möglich gewesen ist. Die des Weibchens ist ein teleskopartiger stumpfkegeliger Zylinder, die des Männchens ist wesentlich kleiner und kommaartig nach vorn gerichtet.

3.6 Blutkreislauf und Lymphsystem

Unterhalb des Oesophagus und seitlich von den Kiemen teilweise flankiert, liegt das relativ kleine Herz in der Pericardhöhle. Dieser besondere Raum ist von der hinter ihm liegenden Leibeshöhle nur durch eine doppelwandige Membran getrennt. Wie bei Knochenfischen üblich, besteht das Herz aus einer Haupt- und einer Vorkammer. Es pumpt das venöse (sauerstoffarme und kohlendioxidangereicherte) Blut über die Aorta ventralis in die Kiemen, wo der Gasaustausch stattfindet. Mit Sauerstoff angereichert, gelangt dann das Blut über die mediane Aorta descendens und Zweigarterien an alle Verbrauchsorte, ohne auf dem Wege dorthin nochmals das Herz zu passieren.

Nach erneutem Gasaustausch strömt das Blut über das Venensystem zurück zum Herzen. Dabei passiert es den Nieren-Pfortader-Kreislauf (Exkretion) beziehungsweise, vom Darm kommend und mit Nährstoffen beladen, den Leber-Pfortader-Kreislauf.

In enger Wechselbeziehung mit dem Blut, das in festen Bahnen zirkuliert, fließt die Lymphe vorwiegend frei in den Zwischenzellräumen. Sie übernimmt im Dienst des Zellstoffwechsels Transportfunktionen und schützt den Körper vor eingedrungenen Fremdstoffen, z. B. vor Bakterien.

An den Kontaktstellen zwischen Blutgefäß- und Lymphgefäßsystem erfolgt ein lebhafter Stoffaustausch.

3.7 Nervensystem und Sinnesorgane

Segelflosser sind vorwiegend tagaktive, optisch orientierte Bewohner der mittleren Wasserschichten. Sie teilen diese Eigenschaften mit einer Vielzahl anderer Fische und zeigen im Bau ihres Nervensystems und ihrer Sinnesorgane in der Regel keine von den allgemeinen Normen abweichenden Besonderheiten. Ihr Zentralnervensystem besteht aus einem relativ kleinen Gehirn und dem von ihm teilweise unabhängigen Rückenmark. Zum Nervensystem gehören außerdem die Bahnen des peripheren Systems, sowie die des vegetativen und autonomen Systems, die im Sympathicus ein eigenes Zentrum haben.

Empfindungen wie Kälte, Hunger, Schmerz usw. gehen von den Sinnesorganen oder von direkt reizbaren Körperteilen aus und erreichen als Nervenimpulse über die sensiblen Bahnen des peripheren Teiles das Zentralnervensystem. Dort werden sie verarbeitet. Die Impulse des Zentrums gelangen über die motorischen Bahnen zu den Erfolgsorganen (Muskeln, Drüsen, Farbzellen). Eine enge Wechselbeziehung besteht zwischen dem Zentralen Nervensystem und den innersekretorischen Drüsen (Steuerung von Wachstum, Geschlechtsreife, Färbung).

Am Gehirn kann man anatomisch-funktionell folgende Abschnitte voneinander unterscheiden: Das Vorderhirn als Riechzentrum; das Zwischenhirn als Schaltstation für verschiedene Reize (es ist unter anderem lichtempfindlich und an der Steuerung des Farbwechsels beteiligt); das Mittelhirn als übergeordnetes Sehzentrum (wirkt außerdem an der Gleichgewichtshaltung mit); das Kleinhirn als Zentrum für die Regulierung aller motorischen Funktionen die im Dienst des Schwimmens, der Körperhaltung, der Nahrungsaufnahme usw. stehen, ferner als Sitz von »Gedächtnis«, hier in einer einfachen Form verstanden, von Assoziationsfähigkeit und schließlich das Nachhirn als Schaltstation zwischen dem Rückenmark und anderen Teilen des Zentralnervensystems. Im Nachhirn entspringen die Gehirnnerven. Es ist das Reflexzentrum für verschiedene unwillkürliche Bewegungsfunktionen, für die Atem- und Herztätigkeit.

Über die Aufgaben des Rückenmarks gibt es noch keine einhelligen Auffassungen. Fest steht jedoch, dass es unter anderem an der Koordinierung der Bewegungen von Rumpf und Flossen beteiligt ist. Seine funktionell relative Selbständigkeit (vom Gehirn) ist in Erfüllung dieser Aufgaben bei den Fischen am größten, die sich mit dem Rumpf schlängelnd fortbewegen (Aal, Schlammpeitzger), also bei den Gegenextremen von *Pterophyllum,* der ja einen sehr kurzen und starren Rumpf hat.

Die Osmorezeptoren befinden sich in paarigen Riechgruben zwischen Augen und Mundöffnung. Im Gegensatz zu den meisten anderen Knochenfischen haben die Buntbarsche, Lippfische, Stichlinge und Aalmuttern an jeder Kopfhälfte jeweils nur eine einfache äußere Öffnung. Ihnen fehlt die sonst meist vorhandene Hautbrücke, durch die eine vordere Einström- und eine hintere Ausströmöffnung je Riechorgan entsteht. Der relativ einfache Bau der Nasenhöhlen läßt vermuten, dass sie bei *Pterophyllum* keine bedeutenden Aufgaben bei der Nahrungssuche und im Rahmen des innerartlichen Kontaktes zu erfüllen haben.

Mit dem Geruchssinn eng verwandt ist der Geschmackssinn. Während der Geruch eine Wahrnehmung aus der Entfernung ist, erfordert der Geschmack einen näheren Kontakt mit dem zu prüfenden Objekt. Der Geschmackssinn dient bei *Pterophyllum* in der Hauptsache zur Beurteilung der aufgenommenen Nahrung. Die Geschmacksknospen sind vorwiegend im Maul und in dessen Umgebung angeordnet, bleiben bei Fischen jedoch keinesfalls auf diese Körperteile beschränkt. Namentlich an den fingerbeziehungsweise fadenförmigen Bauchflossen von Knurrhähnen und Guramis hat man funktionstüchtige Geschmacksknospen gefunden

(SCHARRER 1935 und STEINBACH 1950, zitiert nach HERTER 1953). Ob das auch auf die langen Bauchflossen von *Pterophyllum* zutrifft, ist wenig wahrscheinlich.

Wie für die meisten Tiere ist auch für die Fische das Licht einer der wichtigsten abiotischen Umweltfaktoren (HERTER 1953). Daher hat man die optischen Sinnesleistungen der Fische besonders eingehend untersucht. Sie sind den Sichtbedingungen unter Wasser angepaßt, die sich von denen der Luft durch einen größeren Lichtbrechungsexponenten, wesentlich geringere Lichtintensität, anderes Lichtspektrum und oft erhebliche Wassertrübungen unterscheiden.

Die Linse des Fischauges ist daher kugelförmig und im Ruhezustand auf Nahsicht eingestellt. Sie ragt weit durch die Pupille nach außen, um möglichst viele Lichtstrahlen einzufangen. Die Iris kann sich nur wenig verengen und erweitern, weil ein Blendenmechanismus bei dem relativ schwachen Licht nicht notwendig ist. Tränendrüsen sind ebenfalls entbehrlich, Lider fehlen wie bei allen Knochenfischen.

Die bei *Pterophyllum* seitwärts inserierten Augen ermöglichen normalerweise nur ein monokulares Sehen, haben jedoch wegen der weit nach außen gelagerten Linsen ein sehr großes Gesichtsfeld. Außerdem können sie, zum Beispiel beim Beutefang, beim Putzen des Laichsubstrates usw. nach vorn gerichtet werden, so dass auch ein binokulares Sehen ermöglicht wird.

An den hochrückigen Skalaren läßt sich besonders gut das Richtungssehen beobachten. Ihre normale Schwimmlage (mit dem Rücken nach oben) wird zwar vor allem durch das Labyrinth reguliert, hängt aber auch vom Einfallswinkel des Lichtes ab. Bei seitlicher Beleuchtung schweben sie in schräger Haltung, die Rückenseite dem Licht zugeneigt, im Wasser. Es handelt sich hierbei um eine phototaktische Reaktion mit dem Bestreben, jedem der beiden Augen die gleiche Lichtmenge zukommen zu lassen (HERTER 1953). Ferner hat V. HOLST (1948) festgestellt, dass die Schräglage bei gleicher Lichtintensität einmal durch eine »generelle optische Aktivität«, ein optisches »Wachsein« bestimmt wird, das heißt, die optimale Schräglage wird erst einige Zeit nach Belichtungsbeginn (frühestens nach 30 min) erreicht. Zweitens bedarf es einer »speziellen latenten optischen Nahrungsaufmerksamkeit«. Sie läßt mit zunehmender Sättigung nach. Drittens kommt eine ganz spezifische, von der jeweiligen Beute abhängende »Appetitserregung« hinzu.

Bemerkt ein hungriger, um etwa 40-60° zum Licht stehender Segelflosser ein Nahrungsobjekt, dann gehen seine Augen aus der Ruhelage in die Stellung des beidäugigen Fixierens über, die Schnauze richtet sich auf das Objekt aus und die Schräglage nimmt zu. Nachdem die Beute geschnappt wurde, geht die Stellung der Augen in die Ausgangslage zurück. Die Größe des Neigungswinkels hängt von der Qualität der Beute ab. Sie ist zum

Beispiel bei Cyclopiden größer als bei Enchyträen und bei diesen größer als bei Daphnien. Die Orientierung der Segelflosser nach der Lichtrichtung hängt also von verschiedenen Faktoren ab.

Der Verfasser konnte 1968 feststellen, dass der künstliche Lichtwechsel, dem Aquarienskalare oft unterworfen sind, einen Einfluß auf die Rangordnung der Tiere haben kann. So nutzte ein zu einer vierköpfigen Gruppe neu hinzugesetztes und damit automatisch rangniederes Männchen das Dämmerlicht nach dem abendlichen Abschalten der Aquarienbeleuchtung dazu, das ihm normalerweise überlegene Alphatier erfolgreich anzugreifen. In dieser Situation konnte es den starken Gegner besiegen, der dann allerdings nach dem Einschalten der Kunstbeleuchtung wieder seine gewohnte Alphaposition zurückgewann. Dieser Wechsel in der Rangordnung konnte durch Aus- und Einschalten der Aquarienbeleuchtung mehrfach wiederholt werden.

Aufgrund von HERTERs Versuchen an anderen Fischen kann man mit Sicherheit annehmen, dass Segelflosser mit ihren gut entwickelten Augen zur Rezeption von Bewegungen fähig sind, bildlich sehen können, und dass sie in der Lage sind, binokular Entfernungen abzuschätzen. Der gleiche Autor hat Segelflosser auch auf optische Formensignale dressiert. So wurden senkrechte schwarze Streifen gut von waagerechten unterschieden, ohne dass eine Bevorzugung eines der beiden Muster erkennbar war. Bei Wahlversuchen zwischen einer schwarzen Kreisscheibe und einem Balkenkreuz wurde das letzte Muster bevorzugt, wohl weil Cichliden und andere Fleischfresser die optische Struktur ihrer Nahrungstiere recht genau prüfen und daher konturenreiche Symbole, die extremitätentragenden Kleinkrebsen oder Insektenlarven ähneln, bevorzugen.

Lange und heiß haben die Sinnesphysiologen darüber gestritten, ob Fische Farben unterscheiden können. Inzwischen hat man diese Frage mit Hilfe entsprechender Experimente für viele Arten positiv beantwortet. Auch Segelflosser wurden geprüft, und es stellte sich heraus, dass sie die Farben Rot, Blau, Gelb und Grün erkennen können. Vier Skalare gehörten auch zu einer Gruppe von Fischen, die vom Experimentator dem sogenannten simultanen Farbenkontrast unterworfen wurden. Sie sahen eine graue, also objektiv farblose Fläche in der Gegen- oder Komplementärfarbe ihres farbigen Untergrundes und bewiesen dadurch, dass Fische – ähnlich wie der Mensch – dem simultanen Farbenkontrast unterliegen (HERTER 1953).

Das Seitenliniensystem dient zur Wahrnehmung von Schwingungen niedriger Frequenzen, die von der Wasserströmung, vom Wellenschlag, von anderen Fischen und Beutetieren oder von Hindernissen ausgehen. Es ermöglicht auf diese Weise eine vom optischen Sinn unabhängige Raumorientierung.

Das Seitenliniensystem steht mit dem Gehörgang in Verbindung, von dem alle Hauptzweige ausgehen. Die beiden längsten befinden sich, wie der Name des Organs sagt, an der linken und rechten Körperseite und sind, wie bei vielen Cichliden üblich, jeweils in einen vorderen oberen und einen hinteren unteren Teil getrennt. Diese anatomische Besonderheit hängt wahrscheinlich mit der lateralen Abplattung und Körpererhöhung der meisten Buntbarsche zusammen. Das System besteht aus Gruppen von druckempfindlichen Sinneszellen, die reihenartig in einer Hautrille liegen. Durch Löcher in den darüber befindlichen Schuppen kann das Wasser auf die Sinneszellen einwirken. Am Kopf verzweigt sich das System in mehrere Äste, die durch die Kopfporen ebenfalls Kontakt zum Außenmedium haben. Die Kopfporen sollen vor allem im Dienst der Beuteortung stehen und sind bei den Segelflossern besonders gut erkennbar.

Abschließend müssen wir das sogenannte Labyrinth erwähnen, das statoakustische Aufgaben zu erfüllen hat. Es entspricht etwa dem inneren Ohr der höheren Wirbeltiere und befindet sich in einer rechten und linken Knochenkammer im hinteren Teil des Hirnschädels. Das Labyrinth besteht aus jeweils drei röhrenförmigen Bogengängen mit ampullenartigen Erweiterungen. Die Innenflächen sind mit Sinneszellen ausgekleidet, die eine haubenartige »Cupula« tragen. Auf sie wirkt je nach der Lage des Fisches die im Labyrinth zirkulierende Endolymphe ein, in den ampullenartigen Erweiterungen sind es außerdem besondere Kalkkonkremente, die sogenannten Statolithen oder Otolithen. Auf diese Weise dient das Labyrinth der Aufrechterhaltung des Gleichgewichtes und der Koordinierung der Körperbewegungen.

Nach SUWOROW (1959) hören Fische im allgemeinen keine Töne. Jedoch werden sehr starke Schwingungen, hervorgerufen durch Schüsse, Sprengungen und Schläge auf die Wasseroberfläche mit dem Labyrinth und vermutlich auch mit dem Seitenlinienorgan wahrgenommen. So erwähnt PRAETORIUS (1932a), dass Segelflosser erschreckt aus dem Wasser sprangen, wenn man mit einem Paddel auf die Wasseroberfläche schlug. BÖHM (1957) erlebte ähnliches nach einem Schuß auf einen Alligator.

Wie sich vor allem durch Untersuchungen an Elritzen und Zwergwelsen herausstellte, ist das Labyrinth mancher Fischarten auch zur Wahrnehmung wesentlich feinerer und differenzierterer Geräusche fähig.

Inzwischen hat sich die Ansicht durchgesetzt, dass Fische, die selbst Töne erzeugen, auch hören können. Anderenfalls hätten ihre akustischen Fähigkeiten ja keinen biologischen Sinn. Viele Aquarienfreunde haben bereits die wie »dug-dug-dug« klingenden Laute der Segelflosser vernommen, von denen wir immer noch nicht wissen, auf welche Weise sie entstehen. Da sie vornehmlich bei der Begrüßungszeremonie der Fortpflanzungspartner hervorgebracht werden, müssen sie im Dienst der innerartlichen Kommunikation stehen, also auch gehört werden.

4 Verhaltensweisen

Als Buntbarsche weisen die Segelflosser ein interessantes Verhalten auf, das in der aquaristischen Literatur bereits vielfach behandelt wurde. Von wissenschaftlicher Seite hat man sich dagegen erst wenig mit der Ethologie von *Pterophyllum* befaßt, obwohl wegen seiner morphologischen und ökologischen Spezialisierung auch mit ethologischen Sonderheiten zu rechnen war. Erst BERGMANN legte 1968 und 1971 zwei Verhaltensanalysen der Segelflosser vor, denen wir, unter Berücksichtigung eigener Beobachtungen und Mitteilungen anderer Autoren, folgen wollen.

4.1 Körperhaltung und Fortbewegung

Ruhig im Wasser stehende Segelflosser fächeln alternierend mit den Brustflossen, deren Bewegungen mit einem leichten Seitwärtsschlagen des weichstrahligen Rückenflossenteiles koordiniert sind. Durch Intensivierung dieser Bewegungen kommt ein langsames Vorwärtsschwimmen zustande. Bei schnellem Vorwärtsschwimmen schlagen die Brustflossen dagegen kräftig synchron nach hinten gegen die Flanken. Seitliche Schlängelbewegungen des Körpers unterstützen diese Aktionen. Die Rücken- und Afterflosse werden dabei meist angelegt, die Schwanzflosse unterstützt wirksam die Schlängelbewegungen.

Gebremst wird durch Aufrichten aller Flossen, wobei die Brustflossen der Schwimmrichtung entgegenarbeiten. Beim Rückwärtsschwimmen balancieren die Tiere ihre hohen Körper durch unregelmäßiges Falten und Spannen der Schwanzflosse aus.

Normalerweise stehen die Skalare senkrecht so im Wasser, dass sich das Vorderende ihrer Körperachse ein wenig über, das Hinterende dagegen etwas unter der Waagerechten befindet. In verschiedenen Situationen wie Angriff, Flucht und Nahrungsaufnahme wird diese Grundhaltung abgewandelt.

Nachts ruhen die Segelflosser mit deutlicher Kopfabwärtshaltung zwischen Wasserpflanzen, auf die sie sich mit ihren langen Bauchflossen stützen. Allerdings bemerkte TAENZER (1914) einschränkend: »Bei Mondschein sind die *Pterophyllum* auch nachts außerordentlich lebhaft...wie überhaupt Dämmerlicht den Tieren am meisten zusagt.«

Farbtafel 1

oben: *Pterophyllum scalare* (SCHULTZE in LICHTENSTEIN, 1823) (sensu lato). Foto: W. STAECK.
unten: *Pterophyllum leopoldi* (GOSSE, 1963). Foto: W. STAECK.

4.2 Nahrungsverhalten

Bei den verschiedenen Formen des Such-, Erkundungs- und Jagdverhaltens spielen von bestimmten Reizen ausgelöste Bewegungsweisen des ganzen Körpers oder einzelner Organe, sogenannte Taxien, eine große Rolle.

Im Gegensatz zu Fischen, deren Nahrungsverhalten vornehmlich durch chemische und taktile Reize gesteuert wird, nehmen Segelflosser ihre Beute mit den Augen wahr. Wie wir bereits im Kapitel 3.7. gesehen haben, gehen die Augen beim Anblick eines Nahrungsobjektes aus ihrer Ruhelage in eine besondere Fixierstellung über. Diese kann je nach dem Winkel zwischen Körperachse und Standort des Beutetieres variiert werden. Nach dem Fixieren richten die Fische ihre Körperachse »zielend« auf das Beuteobjekt aus und nähern sich ihm.

Postlarvale Jungfische nehmen dabei eine Beugestellung ein, indem sie ihren Schwanzstiel um etwa 90° seitwärts biegen. Aus dieser Haltung schnellen sie plötzlich vor und schnappen die Beute. Sobald die Jungen die typische Segelflossergestalt angenommen haben, verlieren sie dieses Verhalten.

Erwachsene Tiere erbeuten ihre Nahrung durch ein formkonstantes Saugschnappen, das in weniger als 1/8 s abläuft und auch bei anderen Verhaltensweisen, z. B. beim Reinigen des Laichplatzes, eine Rolle spielt.

Festsitzende Nahrungsobjekte werden von adulten Segelflossern durch seitliches Kopfrucken losgelöst. Jungtiere müssen sich dazu mit dem ganzen Körper herumwerfen. Zu große Nahrungsobjekte werden durch ruckartiges Vorwärts- oder Zickzackschwimmen zu zerkleinern versucht. Flüchtende Beute, etwa junge Guppys, verfolgen die Skalare ebenfalls ruckartig schwimmend mit aufgerichteten Flossen.

4.3 Komfortverhalten

Bergmann unterscheidet Streckbewegungen, wie z. B. Gähnen, das oft mit Flossenspreizen gekoppelt ist und Sichstrecken, das durch seitliches Biegen des Körpers zustande kommt, von eigentlichen Komfortbewegungen, wie:

- Rütteln in verschiedener Intensität, wobei in Kopfhochstellung die Rückenflosse niedergelegt wird und über die Schwanzregion schnelle Wellenbewegungen nach hinten laufen. Der erzeugte Vortrieb wird durch Brustflossenbewegungen kompensiert;

- »Jumping«, ein Ruckschwimmen mit plötzlichen Wendungen; rhythmisches (oder auch unpaares) Schlagen bzw. Zucken der Bauchflossen an den Flanken entlang, dabei Kopfrucken und Nachvornschießen möglich;
- einseitiges Flattern der Brustflossen, das oft mit anderen Verhaltensweisen gekoppelt ist;
- Kopfrucken;
- Kauen und Ausspucken, unabhängig von der Nahrungsaufnahme, möglicherweise zur Reinigung des Maules und des Kiemenapparates;
- Sichscheuern, von Jungfischen noch am Bodengrund, von adulten Tieren nur an vertikalen Strukturen ausgeführt. Dieser ontogenetische Wandel deutet darauf hin, dass das bei Cichliden allgemein übliche Scheuern am Boden von den Segelflossern im Verlauf ihrer umweltbedingten Spezialisierung aufgegeben wurde und nur noch in der Jugendphase befristet auftritt;
- Zucken der Afterflosse und Zucken der Rückenstacheln treten relativ selten auf.

Abb. 15: Soziale Körperpflege bei Segelflossern. Der »Putzer« (rechts) hat eine verkrüppelte Dorsalis, verursacht durch Bakterielle Flossenfäule während der Jugendentwicklung. Foto: H.-J. PAEPKE.

Eine besondere Bedeutung kommt dem sozialen Komfortverhalten der Segelflosser zu: Hauptsächlich bei Jungtieren, weniger häufig bei erwachsenen Tieren sieht man, wie ein Artgenosse den anderen »putzt«. Beide Partner stimmen dabei ihre Aktionen, Reaktionen und Hemmungen aufeinander ab.

Der »Putzer« wird von seinem Partner zu dieser Dienstleistung durch eine auffordernde Signalstellung (PAEPKE 1965) animiert. Er schwimmt danach im rechten Winkel auf ihn zu und putzt dessen zugewandte Körperseite in ähnlicher Weise wie einen Laichplatz (Abb. 15). Der geputzte Fisch nimmt eine Kopfhochhaltung ein, bietet seinem Partner die konvexe Flanke dar und wendet den Rücken etwas ab. Dabei tritt ein schwaches rhythmisches Vibrieren auf. Es wird nach BERGMANN von den Jungfischen zunächst als Rückenflossentrillern, von älteren Tieren dagegen als Schwanzflossentrillern ausgeführt. Der Verfasser stellte außerdem ein schwaches aber deutlich sichtbares Kopfrucken fest, das sich bis in die Enden der After- und Rückenflossen fortsetzte. Die Bauchflossen hängen dabei schlaff herab, Friedfertigkeit demonstrierend.

Das Putzverhalten setzt eine gewisse Vertrautheit der Beteiligten voraus, die den Jungfischen noch eigen, später dagegen fast nur noch bei Fortpflanzungspartnern zu finden ist. Einmal konnte der Verfasser beobachten, wie ein Segelflosser einen Reviernachbarn erfolgreich zum Putzen aufforderte, der mit seinem eigenen Ehepartner ein Gelege betreute!

Ganz sicher entspringt das Bedürfnis, sich putzen zu lassen, einem körperlichen Unbehagen. So stellte der mit Karpfenläusen experimentierende KOLLATSCH (1965) fest, dass sich Segelflosser diese Parasiten gegenseitig ständig ablesen und daher für seine Versuche nicht eigneten. Oft aber ist der Grund für eine Putzaufforderung nicht erkennbar.

Andererseits liegen diesem Verhalten auch andere allgemeine soziale Motivationen zugrunde. Dafür sprechen das gehäufte Auftreten in Jungfischschwärmen und die Tatsache, dass gelegentliche Angriffe des Ehepartners durch Einnehmen der putzauffordernden Signalstellung passiv abgewehrt werden (BERGMANN).

Wie RAUSCHENBACH (1963) und GROß (1965) beobachteten, kann *Pterophyllum* auch andere Fische putzen (z. B. *Cleithracara maroni* und *Monodactylus argenteus*).

Farbtafel 2
oben: Koi-Skalar. Foto: W. STAECK.
unten: Rotköpfiger Marmorskalar. Foto: W. STAECK.

4.4 Kampfverhalten

Obwohl Segelflosser mit Recht als besonders friedfertige Cichliden gelten, spielen kämpferische Auseinandersetzungen auch in ihrem Leben eine große Rolle. Die Kampfhandlungen richten sich jedoch kaum gegen artfremde Tiere, sondern vorwiegend gegen Artgenossen. Sie sind somit eine wichtige Komponente im Sozialgefüge der Art.

Die gegenseitig zugefügten Verletzungen sind meist harmlos, heilen nach einigen Tagen aus und beschränken sich auf eingerissene Flossenmembranen, abgeknickte Flossenstrahlen, Hautabschürfungen mit Schuppenverlust und Hornhauttrübungen durch Beschädigungen der Augen.

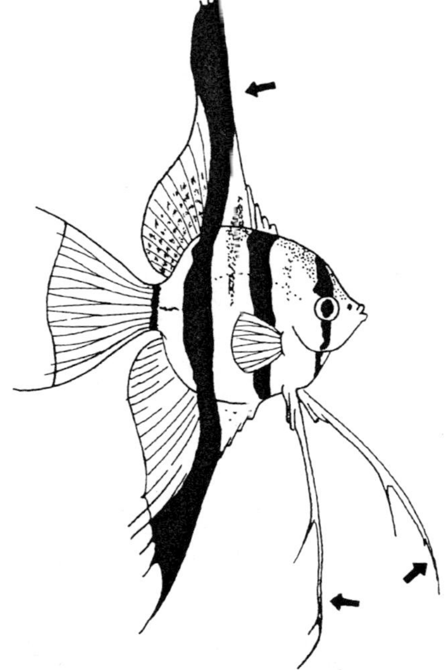

Zu dem Funktionskreis des Kampfverhaltens zählen:

- Imponieren,
- direkter Angriff sowie Flucht- und
- Demutsverhalten.

Abb. 16: Frontales Imponieren vor dem Gegner. Rücken- und Afterflosse sind vertikal abgespreizt, die Bauchflossen weit nach vorn gerichtet. Grafik: Original.

Imponieren: Das Frontalimponieren spielt bei territorialen Auseinandersetzungen an der Reviergrenze zwischen benachbarten Brutpaaren eine große Rolle (Abb. 16). Dabei stehen die Gegner einander frontal gegenüber. Ihre vertikalen Binden sind sehr dunkel gefärbt, alle Flossen sind gespreizt. Vor allem die Bauchflossen stehen schlittenkufenartig weit nach vorn seitlich ab und erfüllen so an Stelle des bei *Pterophyllum* nicht (mehr) vorkommenden Kiemendeckelspreizen eine deutlich sichtbare Drohfunktion.

Die Kämpfer rucken seitlich mit den Köpfen (übertriebene Startbewegung) und zucken mit den Rücken- und Bauchflossen nach vorn. Diese Handlungen leiten vorwärtsgerichtete Schwimmvorstöße ein, die entweder durch Rückwärtsbewegungen abgelöst werden oder in einen direkten Angriff übergehen können. Meist imponieren die Männchen benachbarter Paare frontal. Bei heftigen Auseinandersetzungen greifen aber auch ihre Weibchen in die Kampfhandlungen ein und bekämpfen sich ihrerseits in der gleichen Weise.

Im Gegensatz zum ausschließlich aggressiven Frontalimponieren hat das Breitseitimponieren bei *Pterophyllum* eine unterschiedliche Bedeutung. Es spielt vor allem im Zusammenleben der Ehepartner eine wichtige Rolle als Begrüßungs- und Beschwichtigungsgebärde (Abb. 17).

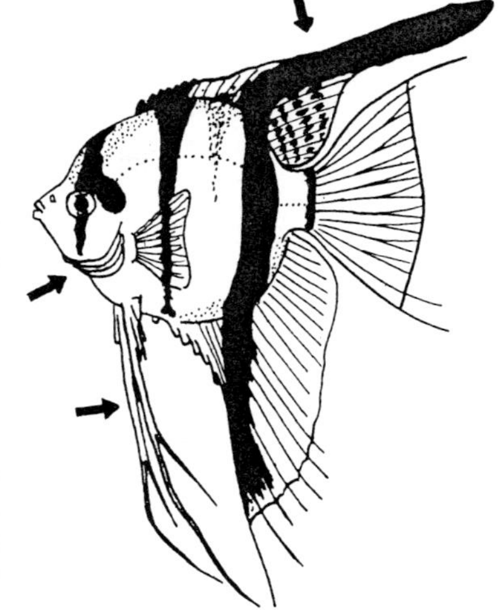

Abb. 17: Breitseitimponieren vor dem Partner (Begrüßungsgeste). Demonstratives Niederlegen der Rückenflosse und Zusammenfalten der Bauchflossen. Die Branchiostegalregion ist gesenkt. Grafik: Original.

Wenn ein Segelflosser von einer Grenzstreitigkeit in sein Brutrevier zurückkehrt, imponiert er vor seiner Partnerin breitseits, die dann oft in gleicher Weise antwortet. Auch wenn ein Tier in der Hitze des Kampfes mit anderen Artgenossen versehentlich seinem Ehepartner einen Rammstoß versetzt, antwortet dieser nicht aggressiv sondern mit Breitseitimponieren (man könnte sagen, um seinerseits auf den Irrtum hinzuweisen). Vor allem sieht man das Breitseitimponieren morgens, unmittelbar nach dem Einschalten der Aquarienbeleuchtung. Dann begrüßen sich die Ehepartner in dieser Form, wenn sie einander das erste Mal im Hellen begegnen.

Breitseitimponierend schwimmt der Fisch horizontal an einem Artgenossen vorbei und beschreibt dabei, wenigstens andeutungsweise, eine Kreisbahn. Er ist kräftig gezeichnet und zum Bezugspartner oft etwas konkav gebogen. Schwanz- und Afterflosse sind maximal gespreizt, die Rückenflosse dagegen bis auf die vorderen Hartstrahlen demonstrativ niedergelegt. Die Bauchflossen sind, im deutlichen Gegensatz zum Frontalimponieren, unter dem Körper flächig zusammengelegt und hängen senkrecht herab. Die Schwanzflosse führt (gelegentlich) abwechselnde Falt- und Spreizbewegungen aus. Die Haltung der anderen Flossen verändert sich dagegen nicht. Die Branchiostegalmembran wird gesenkt, und der Kopf ruckt seitlich in Richtung auf den Partner.

In dieser Phase des Breitseitimponierens lassen die Segelflosser oft ihre schon frühzeitig aufgefallenen Laute hören, die seinerzeit größte Verwunderung in den Aquarianerkreisen hervorgerufen haben. Diese Rufe klingen wie »dug-dug-dug« und werden meist vom Männchen hervorgebracht. Einmal konnte der Verfasser aber auch ein Weibchen als Verursacher ermitteln. Manche Skalare scheinen diese Laute, von denen wir bisher noch nicht wissen, aufgrund welcher anatomischen Voraussetzungen und Bewegungsformen sie zustandekommen, überhaupt nicht hervorzubringen. Das ist wohl der Grund, weshalb BERGMANN (1968, 1971) sie in seiner sonst so eingehenden Verhaltensanalyse völlig übergangen hat. Die Frequenzen der Lautäußerungen schwanken beträchtlich. Das Intensitätsmaximum kann nach Myrberg, KRAMER & HEINECKE (1965) um 3 500 aber auch bei 10 000 Schwingungen je Sekunde liegen. Skalare können aber auch andere Geräusche vonsichgeben: Schabende Geräusche beim Verzehr von *Daphnia* und *Cyclops* hat MIEBACH (1964) vernommen. HERMANN (1957) berichtete über knackende Geräusche, die beim Ausstoßen von Luftblasen zu hören waren.

Das Breitseitimponieren bekommt im engen Zusammenhang mit dem Schwanzschlag eine aggressive Komponente, wenn der imponierende Fisch von seinem Gegner durch Rammstoß angegriffen wird (Abb. 18).

Diese »gemäßigte« Abwehrreaktion sieht man bevorzugt bei jungen noch nicht territorialen Männchen.

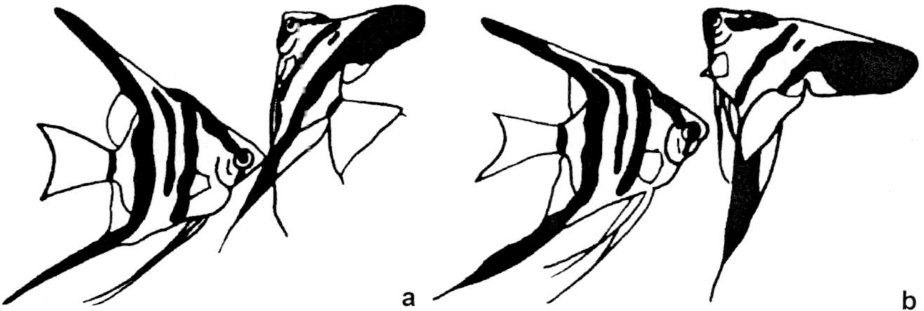

Abb. 18: Schwanzschlag bei 67 Tage alten Jungfischen. a Ausholen des rechten Tieres zwischen zwei Schwanzschlägen, b beim Schwanzschlag. Die Haltung der Rücken- und Bauchflossen entspricht dem Breitseitimponieren. Grafik: nach BERGMANN (1968).

Farbtafel 3

oben: Perlmutt- oder Perlenskalar. Foto: W. STAECK.

unten: Roter Skalar. Foto: W. STAECK.

Direkter Angriff: Bei heftiger Erregung kann sich aus frontalem Imponieren der direkte Angriff in Form von Rammstößen entwickeln. Der Segelflosser stößt schnell schwimmend auf seinen Gegner zu und rammt ihn mit der Schnauzenspitze, indem er gleichzeitig mit dem Maul zuschnappt. Danach zieht er sich rückwärtsschwimmend wieder zurück.

Der angegriffene Fisch pariert meist, in dem er sich kopfhoch aufrichtet, so dass der Rammstoß frontal auf die offenbar relativ unempfindliche Brustregion zwischen Kiemenspalte und Bauchflossenansatz trifft (Abb. 19). Gelingt diese Abwehrreaktion nicht, werden andere Körperteile erreicht, und es kann zu den genannten Verletzungen kommen.

Abb. 19: Frontaler Rammstoß des linken revierverteidigenden Männchens, der vom Gegner durch Kopfhochstellen passiv pariert wird. Grafik: Original.

Abgeschwächte Rammstöße in Form einfacher »Schnapper« sieht man häufig bei Skalaren, die außerhalb der Fortpflanzungsphase einen unterlegenen Artgenossen vertreiben wollen.

Eine Sonderform des Rammstoßes ist der Wendestoß. Dabei berührt der Angreifer seinen Gegner nicht, sondern dreht kurz vor diesem ab und kehrt auf den Ausgangspunkt zurück. Diese Variante deutet sicher eine Konfliktsituation an, in der sich das erregte Tier zwischen Aggressivität und plötzlicher Furcht (im Revier des Gegners) befindet.

Eine solche Situation kann zusätzlich zu einer charakteristischen Schräglage führen, die der angreifende Fisch einnimmt, indem er sich beim Vorwärtsschwimmen um die eigene Längsachse bis zur Seitenlage dreht. Dem Verfasser ist die Schräglage hauptsächlich bei revierverteidigenden Weibchen aufgefallen.

Schließlich kann es bei gleichstarken Tieren über Frontalimponieren und Rammstoß zum Maulkampf kommen, den man, im Gegensatz zu anderen Cichliden, bei *Pterophyllum* nur selten sieht. In solchem Fall packen sich die beiden Gegner nach frontaler Annäherung mit den Mäulern und versuchen einander durch Vorwärtsschwimmen vom Platz zu verdrängen (Abb. 20).

Dabei können sich die kämpfenden Tiere um ihre Längsachse bis in die Rückenlage drehen. Wenn beide Kontrahenten gleichzeitig erlahmen, endet der Kampf unentschieden. Anderenfalls reißt sich der Schwächere plötzlich los und flüchtet. Der Maulkampf dauert maximal 10 Sekunden.

Flucht-, Demuts- und Schwarmverhalten: Segelflosser sind besonders schreckhaft und reagieren auf Störungen oft mit Flucht, die nicht selten panikartigen Charakter annehmen kann. Dabei unterscheidet sich die Flucht vor Artgenossen nicht von derjenigen, die durch andere Außenreize hervorgerufen wird. Fluchtauslösende Reize können das Territorialverhalten in Schwarmbildung umwandeln, das als soziales Schutzverhalten im Lebensrhythmus wildlebender Skalare eine viel größere Rolle zu spielen scheint, als man das im Aquarium beobachten kann.

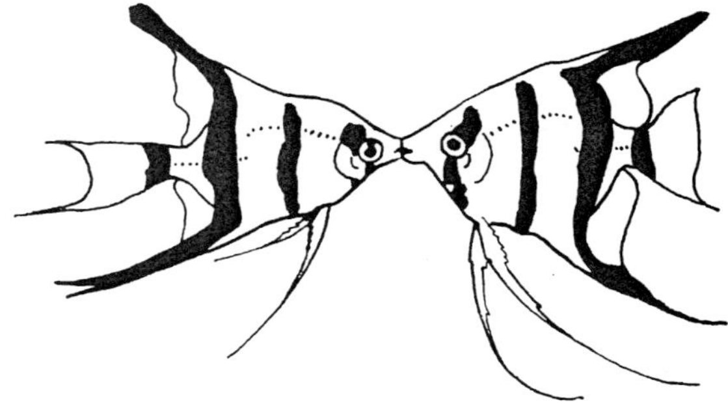

Abb. 20: Maulzerren. Die Drehung um die Längsachse setzt eben ein. Grafik: nach BERGMANN (1968).

Über Schwarmbildung und gewisse Schreckreaktionen liegen uns Freilandbeobachtungen von PRAETORIUS (1932a) vor. Er berichtet, dass man vom Boot aus am Rand flutender Röhrichtbestände Schwärme von 15 bis 20 Skalaren beobachten kann. Sie halten sich dicht an den Pflanzen, um bei der geringsten Störung in ihnen zu verschwinden. Stets sind sie mit dem häufigen und ökologisch ähnlichen *Mesonauta festivus* vergesellschaftet. Der Segelflosser »... ist so schreckhaft, dass, wenn man mit dem Ruder oder Arm eine Bewegung macht, er aus dem Wasser schießt, sich flach auf die Oberfläche legt, dort ungeschickte und hilflose Bewegungen macht und man ihn mit der Hand fangen kann. Bei den Eingeborenen heißt er daher auch Pacu doido (= der verrückte Flußfisch)«.

BÖHM (1957) erlebte, wie Segelflosser bei einem Schuß auf einen Alligator erschreckt aus dem Wasser sprangen.

Häufige Schreckreaktionen einzelner, besonders sensibler Tiere können sich im Aquarium auf Artgenossen übertragen und bei der geringsten Veranlassung die ganze Gruppe zu panikartigem Verhalten bringen. Dabei wirken offenbar ausschließlich visuelle Reize und möglicherweise auch die, die durch den dabei erzeugten Wasserschwall auf das Seitenlinienorgan wirken, denn nach PFEIFFER (zitiert nach KUNATH 1962) produzieren Segelflosser keine chemischen Schreckstoffe mit innerartlichem Signalwert.

Flüchtende Skalare schwimmen in schnellen Stößen mit angelegten Flossen, schießen erschreckt auch »kopflos« umher und stoßen dabei heftig gegen Hindernisse. Sie bleiben schließlich blaß in einer Ecke stehen, den Kopf möglichst von der Gefahr abgekehrt. Das rhythmische Schlagen der Brustflossen und des Rückenflossenhinterlappens kann bis auf ein schwaches Zucken reduziert werden. Im Gegensatz zu den meisten anderen Cichliden flüchten unterlegene Segelflosser im Aquarium meist nicht nach oben, sondern nach unten, zum Boden!

Ist eine Flucht nicht möglich, nehmen Segelflosser vor überlegenen Artgenossen eine Demutshaltung ein, indem sie sich leicht kopfhoch stellen, die Flossen anlegen und verblassen. Rangniedere und kranke Tiere reagieren so und können aggressive Artgenossen merklich beschwichtigen.

Der Verfasser sah dieses Verhalten auch bei einem Weibchen kurz nach dem Laichen, das sich von seinem besonders aggressiven Männchen nicht aus der Nähe des Geleges vertreiben lassen wollte. Es war bis auf die dunkle Schwanzbinde völlig verblaßt. Auch junge Weibchen, die in ein Männchenrevier eindringen, verhalten sich ähnlich.

4.5 Fortpflanzungsverhalten

Paarbildung: Segelflosser sind monogam. Beide Eltern leben in der freien Wildbahn möglicherweise während einer ganzen Fortpflanzungsperiode, im Aquarium oft mehrere Jahre lang zusammen. Sie treiben (in der Regel) gemeinsam Brutpflege und dürften nur gegen Feinde, nicht aber gegeneinander angriffslustig sein. Diese Form der Brutpflege findet man bei Fischen selten, denn »das Problem der Bildung dauerhafter Paare ist für sie schwerer zu lösen als etwa das des Lebendgebärens«, urteilt der bekannte Verhaltensforscher WICKLER (1970).

Das Zusammentreffen der Geschlechter löst einen Konflikt aus, zwischen der Angriffslust auf den Artgenossen und der Duldung des Geschlechtspartners. WICKLER nennt das den »Begegnungskonflikt«. Er muß von den beiden Fortpflanzungspartnern erst langsam überwunden werden, um gemeinsam ihre Aufgabe erfüllen zu können. Der Begegnungskonflikt entsteht bei vielen Fischarten erst unmittelbar vor oder gar während des Laichaktes und ist durch besondere Zeichen der Erregung gekennzeichnet. Bei den geschlechtsmonomorphen, offenbrütenden Cichlidenarten und somit auch bei *Pterophyllum*, kommt es dazu jedoch schon bei der Paarbildung. Deshalb ist die Paarbildung im Leben der Skalare eine sehr bedeutungsvolle Etappe, über die wir leider noch wenig wissen.

Im Aquarium geht die Paarbildung gewöhnlich so vor sich: In einer Gruppe von Jungtieren eilen die Männchen in ihrer Entwicklung den Weibchen etwas voraus (sie sind größer) und besetzen im Alter von 7 bis 8 Monaten als erste Reviere. Diese verteidigen sie gegen jeden Artgenossen. Im Zuge der Revieraufteilung verbleiben für die Weibchen und die noch nicht territorialen Männchen lediglich Individualstandorte an den Reviergrenzen der bereits etablierten Tiere. Von hier aus versuchen nun die Weibchen in die Männchenreviere einzudringen, wo sie von den Besitzern zunächst aggressiv empfangen werden. Trotzdem beharren sie, nehmen die Demutshaltung ein bzw. das in diesem Fall als Befriedungsgeste wirkende Breitseitimponieren. Auf diese Weise wird die Aggressivität des Männchens langsam abgebaut, so dass es schließlich das Weibchen duldet. Letztlich verteidigen beide Geschlechter gemeinsam ihr Revier gegen alle anderen Artgenossen, und damit ist die Paarbildung vollzogen. Wie jedoch DECKERT (1967) betont, bleibt auch nach der Paarbildung immer eine mehr oder weniger starke Dominanz des einen über den anderen erhalten. Meist ist das Männchen aufgrund seiner körperlichen Überlegenheit der dominierende Teil. Manche Männchen bleiben zeitlebens ungewöhnlich aggressiv und eignen sich daher (vorerst) nicht für die Fortpflanzung. Erst wenn sie im Alter von 4 bis 5 Jahren ruhiger werden, können auch solche Tiere erfolgreich mit einer Partnerin Junge aufziehen, wie es der Verfasser erlebte.

Im Aquarium kann eine Segelflosserehe mehrere Jahre bestehen. Hin und wieder beobachtet man aber auch einen Partnertausch. Namentlich nach dem Hinzusetzen neuer Tiere in eine bereits lange bestehende Gruppe kommt es nicht selten zu dieser Form der Paarbildung. Der noch revierlose Neuling versucht nach einer gewissen Zeit der Eingewöhnung einen bereits anderweitig »verheirateten« Geschlechtspartner beharrlich durch das geschilderte Breitseitimponieren zu gewinnen, was schließlich nach Tagen oft genug gelingt. Dadurch wird seine untergeordnete soziale Stellung in der Gruppe schlagartig aufgewertet.

Auch verpaarte Weibchen können, ohne erkennbaren Grund, in ein fremdes Revier eindringen und trotz des energischen Protestes des dort ansässigen Weibchens dessen männlichen Partner »erobern«. Das auf diese Weise partnerlos gewordene andere Weibchen muß dann (meist) sein altes Revier verlassen und kann im günstigsten Fall mit dem von seiner »Nebenbuhlerin« verlassenen Männchen ein neues Paar bilden. Es können auch drei Individuen, z.B. zwei Männchen und ein Weibchen gemeinsam ablaichen was gar nicht einmal so selten vorkommen soll (ENGELMANN 2001, ELSTER 2001). Das alleinige Ablaichen eines partnerlosen Weibchens ist auch möglich.

Diese und ähnliche Varianten der Paarbildung kann jeder Aquarienfreund im Lauf der Zeit beobachten, wenn er sich lange genug mit seinen Segelflossern beschäftigt.

Führungsschwimmen: Bei beginnender Brutstimmung schwimmt ein Partner langsam, demonstrativ und mit gelegentlichen Unterbrechungen zum künftigen Laichplatz. Nach BERGMANN beobachtet man dieses Führungsschwimmen vornehmlich dann, wenn ein Partner mehr aggressiv als sexuell motiviert ist. Nach Rückkehr des aggressiven Tieres von einem Grenzgefecht zeigt das andere oft Breitseitimponieren mit anschließendem Führungsschwimmen. Beide beginnen dann zu putzen. Das Führungsschwimmen kann bei gut aufeinander eingestimmten Paaren fortfallen.

Graben: Das bei fast allen Cichliden so bedeutsame Graben und Pflügen am Boden hat *Pterophyllum* im Verlauf seiner stammesgeschichtlichen Spezialisierung an vertikale Biotopstrukturen offensichtlich verloren.

Putzen und Rüttelputzen: Neben einer zunehmenden Aggressivität kennzeichnet vor allem das Putzen die beginnende Fortpflanzungsstimmung eines Brutpaares (Abb. 21). Die Putzintensität äußert sich bei beiden Partnern durch einfaches Kopfhochstehen vor dem ausgewählten Laichsubstrat. Dieses wird fixierend betrachtet und mit schnappenden Maulbewegungen bearbeitet. Die Flossen erzeugen vor jedem Schnapper eine Vortriebsbewegung zum Substrat. Dabei geht die anfängliche Kopfhochstellung in eine waagerechte und teilweise auch recht steil abwärtsgerichtete Kopfhaltung über.

Der nicht aktive Partner ist dabei oft anwesend, verfolgt die Handlungen aufmerksam mit den Augen und kann seinerseits gleichzeitig zu putzen anfangen.

Je nach der Stimmung der Tiere ist die Putzfrequenz verschieden. Kurz vor dem Laichen sieht man eine Intensivform - das Rüttelputzen. Dabei erzeugt der wedelnde Schwanz eine heftige Vorwärtsbewegung, und das geöffnete Maul gleitet ohne Schnappbewegungen über das Substrat hinweg.

Als Laichplatz werden auf diese Weise mehr oder weniger vertikale Strukturen, wie aufwärtsstrebende Blätter, Äste, aber auch Glasrohre und Aquarienwände gereinigt, nach dem Laichen auch waagerechte Plätze zur Unterbringung der geschlüpften Larven.

Neben der reinigenden Wirkung hat das Putzen und vor allem das Rüttelputzen eine Signalfunktion.

Abb. 21: Segelflosserpaar beim Putzen des Laichplatzes. Im Vordergrund das Männchen. Foto: H.-J. PAEPKE.

Abb. 22: Segelflosserpaar. Im Hintergrund das laichende Weibchen. Foto: H.-J. PAEPKE.

Laichen: Ein bis zwei Tage vor dem Laichen werden die Genitalpapillen der beiden Fortpflanzungspartner deutlich sichtbar. Nach probeweisem Scheinlaichen beginnt das Weibchen mit der Eiablage, indem es sich mit der Längsachse parallel zum Laichsubstrat stellt, damit die Genitalpapille senkrecht auftrifft (Abb. 22). Die Eier werden bei unmittelbarem Substratkontakt der Papille nebeneinander gelegt. Das Tier gleitet dabei von unten nach oben und beginnt damit von neuem, wenn seine Papille das Ende des Substrates oder sein Kopf die Wasseroberfläche erreicht hat.

Die Bauch- und Afterflossen sind dabei angelegt. Brustflossen und caudaler Rückenflossenteil erzeugen vibrierend den nötigen Vortrieb, Rückenflossenspitze und Schwanzflosse balancieren den Körper aus. Gelaicht wird schubweise, bis das Gelege je nach Größe und Ernährungszustand des Weibchens vollständig ist. Weibchen brutpflegender Paare, die in längeren Intervallen laichen, können 800 bis 1 000 Eier legen, Weibchen, denen ihr Gelege regelmäßig entfernt wird, und die dadurch in kürzeren Abständen laichen, bringen es nur auf 300 bis 600 Eier (ELIÁS & PODVENSKY 2002).

Das Männchen beginnt nach der Ablage der ersten Eier mit dem Besamen, wobei der Kontakt zum Laichsubstrat bzw. zum Gelege nicht so korrekt eingehalten wird wie vom Weibchen (Abb. 23). Es besamt während der Laichpausen des Weibchens und auch noch einige Zeit, nachdem der Laichakt seiner Partnerin bereits beendet ist.

Der gesamte Laichakt dauert 1 bis 2 Stunden. Er wird gelegentlich durch Angriffe auf Reviernachbarn unterbrochen. Nach eigenen Beobachtungen laichen die Segelflosser hauptsächlich nachmittags und in den frühen Abendstunden, jedenfalls nachdem das Maximum der Tageshelligkeit vorüber ist. BERGMANN notierte dagegen vorwiegend Laichakte in den Vormittags- und Mittagsstunden.

Brutpflege und Jungenaufzucht: Nachdem bereits ein Teil der Eier gelegt und besamt ist, setzt nach und nach intensiver werdend das Fächeln ein. Meist steht ein Elterntier leicht kopfhoch etwas seitlich neben dem Gelege und erzeugt mit der dem Gelege zugewandten Brustflosse einen kräftigen Wasserstrom, der über die Eier hinweggleitet. Der caudale Rückenflossenteil und die Schwanzflosse gleichen durch Seitwärtsbiegen diese Bewegungen aus. Beide Partner wechseln sich dabei ab.

Dieses einseitige asymmetrische Fächeln der Segelflosser kann man als Anpassung an das vertikale, oft schmale Laichsubstrat auffassen. Da Skalare aber auch beidseitig fächeln können, sind weitere Beobachtungen zu diesem Problem erwünscht.

Abb. 23: Segelflosserpaar beim Laichen. Das Männchen im Vordergrund besamt das Gelege. Foto: H.-J. PAEPKE.

Neben dem Fächeln werden mit dem Maul nach aufmerksamem Fixieren verpilzte Eier, Schnecken und Verunreinigungen vom Gelege entfernt. Einzelne, außerhalb des Geleges befindliche Eier werden mitunter gefressen. Bei Aquarienskalaren geschieht das leider häufig mit dem gesamten Gelege, so dass der weitere Brutverlauf nicht mehr zu verfolgen ist.

Zur normalen Brutpflege gehört ferner die Verteidigung des Reviers gegenüber jedem bezwingbaren Gegner. Gelegentlich wird dabei sogar der schwächere vom dominierenden Partner vertrieben.

Die bisher genannten Brutpflegehandlungen Fächeln, Sauberhalten des Geleges und Verteidigen wechseln einander ab und werden nur durch die Nahrungsaufnahme unterbrochen.

Kurz bevor die Larven schlüpfen, werden die Eltern besonders unruhig, schnappen sich lösende Eier oder bereits geschlüpfte Larven und speien sie wieder an das Substrat, beziehungsweise kauen auch die Larven aus den Eihüllen. Die Larven bleiben hier mit Hilfe eines Klebesekretes, das aus sechs Sekretdrüsen am Kopf ausgeschieden wird, kleben. Bevor die zweite Nacht für die geschlüpften Larven anbricht, werden sie von den beiden Eltern auf waagerechte Blätter in unmittelbarer Nähe des Laichplatzes umquartiert. Diese neue Unterlage wurde vorher geputzt. Die Eltern führen während des Larventransportes kauende Bewegungen aus, wobei der Mundboden gesenkt ist.

Die Larven bleiben in der Regel bis zum siebenten Tag nach dem Ablaichen mit ihren Klebefäden am Substrat hängen und können durch Zusammenballen der Fäden zopfähnliche Gebilde bilden. In dieser Zeit werden sie von den Eltern mehrfach umgebettet.

Die freischwimmenden Jungen werden von beiden Eltern weiterhin betreut. Langsames Vorwärtsschwimmen läßt den Schwarm folgen. Durch zügiges Fortschwimmen entfernt sich das führende Tier von ihm und wird von seinem hinter ihm die Schwimmbahn kreuzenden Partner abgelöst. Ein deutlich sichtbares Ablöseverhalten ist bei *Pterophyllum* nicht ausgeprägt.

Zur Betreuung der Jungen gehört ferner das Einfangen einzelner, sich vom Schwarm entfernender Nachkommen und ein besonderes Schutzverhalten bei Störungen. Im letzten Fall umschwimmen beide Eltern den Schwarm mit ruckartigen Schwimmstößen in engen Kreisen und veranlassen ihn so zum Zusammenballen. Außerdem zerkauen die Eltern größere Nahrungsobjekte und spucken sie zerkleinert in den Jungfischschwarm.

Verhalten der Jungfische: In den ersten Nächten nach dem Freischwimmen werden die Jungfische noch von den Eltern auf ein festes Substrat gespuckt, oder sie drängen sich von selbst an bereits festklebende Geschwister. Später konzentrieren sie sich zur Übernachtung an bestimmten Punkten nahe der Wasseroberfläche.

In genügend großen Aquarien bilden die Jungfische noch einige Zeit einen lockeren »Freßschwarm«, den Einzeltiere aktiv wieder aufsuchen, wenn sie den Kontakt zu ihm verloren haben. Die heranwachsenden Jungen versuchen auch – ähnlich jungen Diskusbuntbarschen – Hautpartikel von den Flossen der Eltern abzuweiden, was jenen mit zunehmender Größe der Jungen immer lästiger wird.

Zwischen dem 30. und 35. Tag sieht man bei den bisher friedfertigen Jungen die ersten Aggressionen in Form von Rammstößen. Auf diese Weise können bei Hinzukommen einer Ortsbindung kleine Nahrungsterritorien entstehen, ja es kann sich eine Rangordnung mit »Tyrann« entwickeln. Dabei kommt es zu einer Korrelation zwischen Kampf- und Freßbereitschaft. Hungrige Jungfische bekämpfen sich in der Regel nicht. Erst nach einer gewissen Zeit der Nahrungsaufnahme färben sie sich dunkler und werden aggressiv. BERGMANN vermutet, dass das bereits aktivierte Kampfverhalten durch Nahrungsappetenz zeitweise gehemmt wird.

Schlußbetrachtung: Im Vergleich mit anderen Cichliden des geschlechtsmonomorphen offenbrütenden Typs finden wir bei *Pterophyllum* einige Abweichungen nicht nur morphologischer Art, sondern auch im Verhalten.

BERGMANN untergliedert diese Anpassungen in primäre, direkt auf die Umwelt bezogene und in sekundäre, die sich aus den primären ergeben und mit der veränderten Körpergestalt zusammenhängen.

Zu den primären, die aus der fehlenden Beziehung von *Pterophyllum* zum Boden resultieren, rechnet man:

- das Scheuern adulter Exemplare fast nur noch an vertikalen Strukturen, niemals, außer im frühen Jugendstadium, am Boden;
- das Graben und Pflügen anderer Cichliden wird durch Putzen bzw. Rüttelputzen ebenfalls vorwiegend an vertikalen Gegenständen ersetzt;
- Jungtiere werden nicht in Gruben untergebracht, sondern an Pflanzen geheftet;
- das einseitige Fächeln ist ein vermutlicher Vorteil an vertikalen schmalen Laichplätzen; schließlich ruhen Segelflosser nachts nicht am Boden, sondern »hängen« zwischen Wasserpflanzen, auf die sie sich mit ihren sichelförmig geschwungenen Bauchflossen stützen. Auf diese, vom Verfasser beobachtete Besonderheit wurde bisher noch nicht in diesem Zusammenhang aufmerksam gemacht.

Im Zusammenhang mit der seitlichen Körperabplattung wurden auch verschiedene Koordinationen mit auslösender innerartlicher Signalfunktion sekundär verändert:

- so das Spreizen der verlängerten Bauchflossen an Stelle der Kiemendeckel beim Frontalimponieren, was wiederum wahrscheinliche Auswirkungen auf den Augenfleck und seine Signalfunktion hat;
- ventrales Voranstellen der Bauchflossen beim agressiven Breitseitimponieren.

Als Folge der relativen Verkleinerung des Maules und der damit verbundenen Ungefährlichkeit für Artgenossen könnte sich das soziale Putzverhalten entwickelt haben.

Andererseits sind ritualisierte und damit harmlose »Kommentkämpfe« mit allen seinen Elementen im Prinzip erhalten geblieben.

5 Lebenszyklus

Wie bei allen mehrzelligen Tieren, vollzieht sich die Individualentwicklung der Segelflosser in mehreren aufeinanderfolgenden Phasen, die sich durch morphologische und physiologische Besonderheiten voneinander unterscheiden.

5.1 Embryonalentwicklung und Wachstum

Wenn ein Segelflosserweibchen seinen Laich auf ein vorher gesäubertes Blatt heftet und der männliche Partner das Gelege besamt, verschmelzen je eine weibliche und eine männliche Geschlechtszelle zur befruchteten Eizelle (Zygote). Dieser bedeutsame Schritt leitet die Furchung und damit die Entwicklung des Keimes ein.

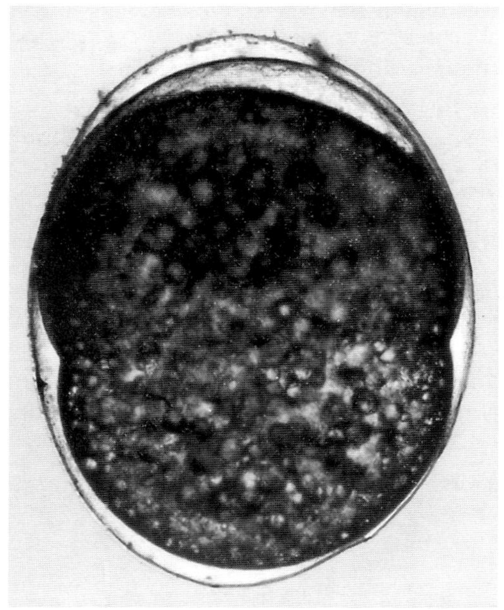

Abb. 24: Ei, etwa 18 Stunden nach der Ablage. Das Dotter ist bereits bis zur Einschnürung vom Keim umwachsen. Foto: W. STRAUBE.

Da die Eier der Knochenfische besonders dotterreich sind, wird von der Furchung nur ein bestimmter Bezirk, die Keimscheibe, erfasst. Sie sitzt dem Dotter als flache Kappe am animalen Pol oben auf und ist schon kurze Zeit nach der Befruchtung als heller Fleck erkennbar.

Die Furchung führt zu einer zunehmenden Differenzierung des Plasmas. Zunächst kommt es durch Teilungsvorgänge zu einer Vermehrung gleichartiger Zellen. Sie bilden eine sogenannte »Blastomerenkappe«, die dem Dotter mit den Rändern aufsitzt, sich in der Mitte jedoch etwas von diesem abhebt, so dass ein Hohlraum, die Furchungshöhle, entsteht (Abb. 24). Die Blastomerenkappe umwächst mehr und mehr das Dotter und im Zug der weiteren Entwicklung kommt es zur Bildung der Keimblätter.

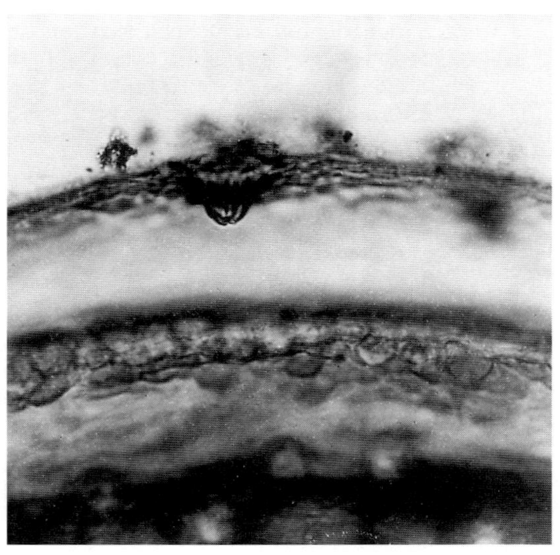

Abb. 25: Eihülle mit Mirkopyle, etwa 18 Stunden nach der Ablage. Die Mikropyle ragt trichterförmig in den perivitellinen Raum zwischen Hülle und Dotter hinein. Foto: W. STRAUBE.

Dabei entstehen durch Umlagerungsvorgänge aus der zunächst einschichtigen Blastomerenkappe zwei primäre Zellschichten, das äußere Keimblatt (Ektoderm) und das innere Keimblatt (Entoderm). Beide bilden die »Gastrula«, den vorerst zweischichtigen Keim aller mehrzelligen Tiere. Jedes Keimblatt ist die Ausgangsform für spezifische Organanlagen des Embryos.

Aus dem Ektoderm entstehen Oberhaut, Nervensystem, Sinnesorgane sowie Anfang und Ende des Darmkanals. Aus dem Entoderm entwickelt sich der Urdarm und aus ihm wiederum das Epithel des Mitteldarmes, Leber, Pankreas, Chorda dorsalis, Schwimmblase, Kiemen und schließlich auf komplizierte Weise ein drittes Keimblatt, das Mesoderm. Dieses bildet in seinem dorsalen Teil hintereinander liegende paarige Säckchen, die Ursegmente, und ist das Ausgangsmaterial für Bindegewebe, Skelett, Muskulatur, Herz und Kreislaufsystem, Nieren, Samen- und Eileiter.

Während des Differenzierungsprozesses verändert sich die äußere Gestalt des Keimes. Er erhebt sich zunächst knopf-, dann wulstförmig über den außerembryonalen Keimbezirk (Abb. 26). Der Schwanz macht sich von seiner bisherigen Unterlage frei, und die Larve schlüpft schließlich aus der Eihülle. Damit endet die Embryonalphase.

Bei einer Wassertemperatur von 26-28°C sind seit der Eiablage etwa 48 Stunden vergangen. Da die während der Embryonalentwicklung ablaufenden biochemischen Prozesse sehr stark temperaturabhängig sind, und in diesem Zusammenhang auch pH-Wert und Wasserhärte eine Rolle spielen, kann der Schlupftermin gegebenenfalls etwas früher oder auch später eintreten. Die Angabe von STALLKNECHT (1969): Schlupf nach 4 bis 6 Tagen, ist aber zu lang. Die weitere Jugendentwicklung setzt sich mit der Differenzierung der Dottersacklarve über eine Wachstumsphase bis zum Eintritt der Geschlechtsreife fort.

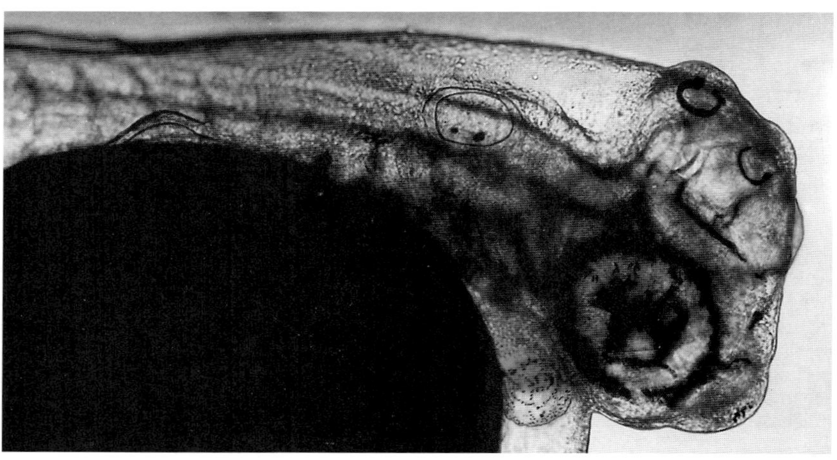

Abb. 26: Vorderkörper der Larve, 3 Tage nach der Eiablage. Man erkennt das Auge, darüber die Kopfdrüsen, dahinter die Otolithen, entlang der Längsachse erste Segmentierungen (Somite). Oberhalb des dunklen Dockersackes die Brustflossenanlage, zwischen Dottersack und Auge das Herz. Foto: W. STRAUBE.

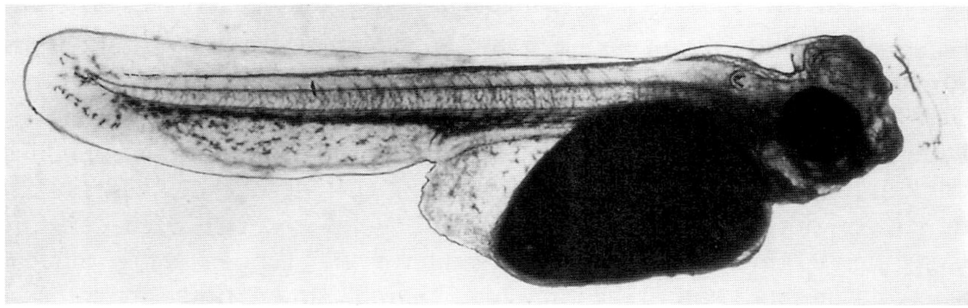

Abb. 27: Larve, 4 Tage nach der Eiablage, mit Kopfdrüsen über dem Auge, beginnender Segmentierung entlang der Chorda dorsalis und embryonalem Flossensaum. Foto: W. STRAUBE.

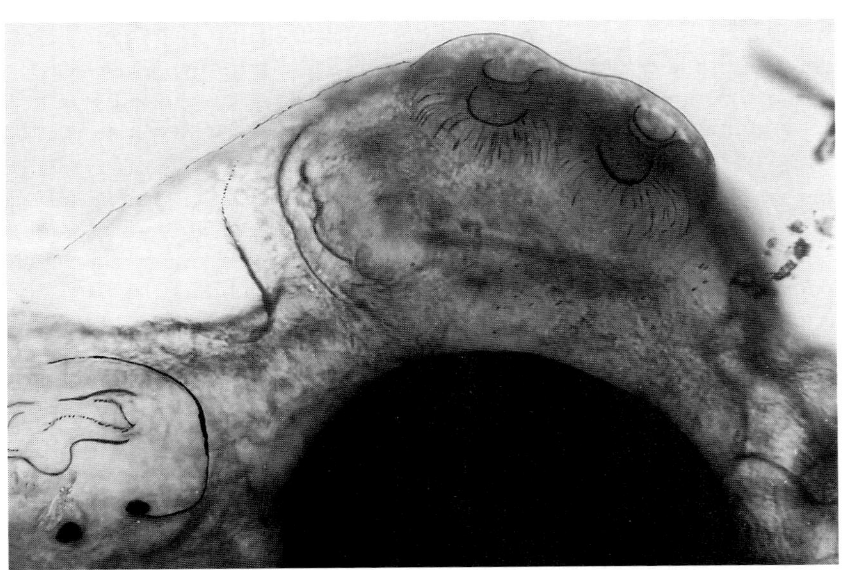

Abb. 28: Obere Kopfregion einer 4 Tage alten Larve. Über dem dunklen Auge die aufgewölbte Gehirnanlage, darüber die Kopfdrüsen. Hinter dem Auge deutlich 2 Otolithen. Foto: W. STRAUBE.

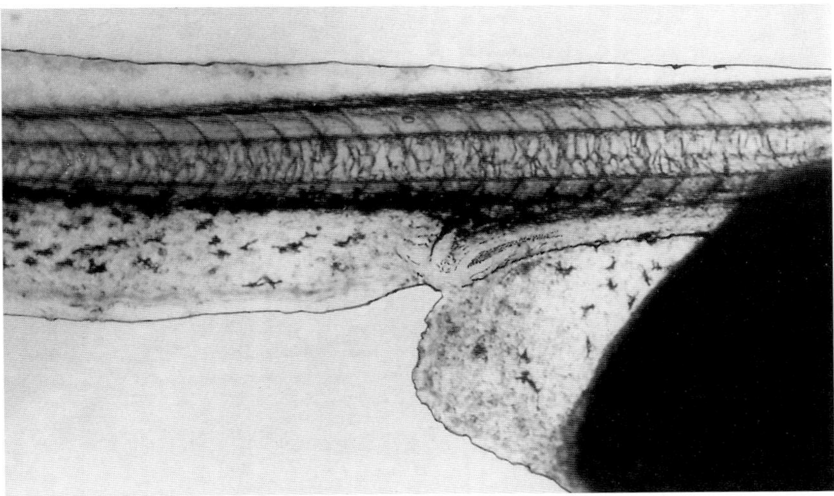

Abb. 29: Larve, 4 Tage nach der Eiablage. Deutlich erkennbar sind Chorda dorsalis, Somite, embryonaler Flossensaum und Dottersack (z.T. pigmentiert). Urogenital- und Darmrohr haben die Körperwand noch nicht durchbrochen. Foto: W. STRAUBE.

Aus dem Ei schlüpft eine zunächst noch unselbständige Larve mit besonderen Merkmalen (Abb. 27-31). Am auffälligsten ist ihr großer Dottersack, der als Energiereservoir während der ersten 4 Tage bis zur aktiven Nahrungsaufnahme dient. Ein schmaler embryonaler Flossensaum ist das Ausgangsmaterial für die Entwicklung der unpaaren Flossen.

Bis zur Aufzehrung des Dottersackes, der Bildung der Schwimmblase (ohne Aufnahme von atmosphärischer Luft) und der Differenzierung der Flossen kann die Larve nur mühsam durch kräftige Schwanzschläge mehr oder weniger ungerichtete Ortsveränderungen vornehmen. Sie ruht daher zunächst fast ständig, dann in immer kürzer werdenden Zeitabständen auf Pflanzenblättern und ähnlichem in der Umgebung des Laichplatzes. Hier heftet sie sich mit Schleimfäden fest, die von den Sekretdrüsen am Kopf, ebenfalls typischen Larvalorganen, ausgeschieden werden. Diese Drüsen wurden von ILG (1952) und LIEBERKIND (1931) beschrieben.

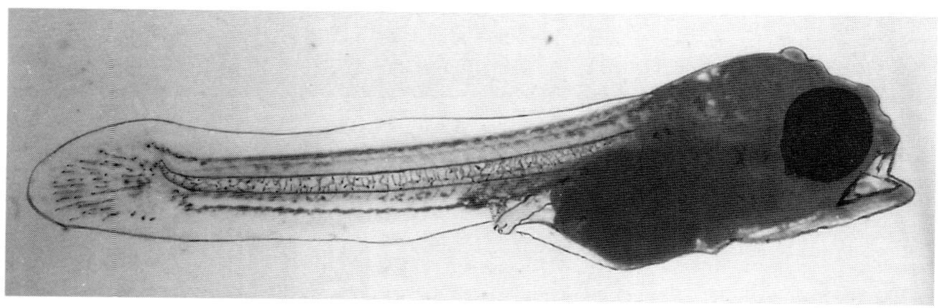

Abb. 30: Jungfisch, 7 Tage nach der Eiablage. Mundöffnung und Enddarm sind nach außen durchgebrochen, die Kopfdrüsen sind merklich zurückgebildet. Foto: W. STRAUBE.

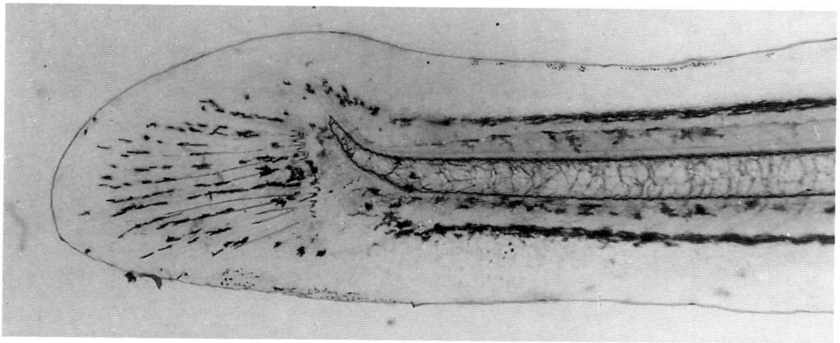

Abb. 31: Schwanzregion eines Jungfisches, 7 Tage nach der Eiablage. Bereits das Chordaende biegt sich, wie später auch das Wirbelsäulenende, nach oben auf. Im embryonalen Flossensaum bilden sich die ersten Schwanzflossenstrahlen. Foto: W. STRAUBE.

Abb. 32: Ein Schwarm halbwüchsiger Jungfische. Foto: M. KÖCAR.

Innerhalb von rund 4 Tagen sind diese und andere Sonderbildungen schon wieder entbehrlich geworden, denn inzwischen haben sich die eigentlichen Organe des Fisches so weit entwickelt, dass eine selbständige Lebensweise mit den dazu gehörenden Funktionsabläufen, wie aktiver Nahrungsaufnahme und zielgerichtete Ortsbewegung im freien Wasserraum, möglich wird.

Zunächst haben die jungen Segelflosser eine langgestreckte Körperform. Erst 20-23 Tage nach dem Laichen nehmen die Jungfische die typische Dreiecksform ihrer Eltern an, indem sich ihr Körper mehr und mehr lateral abflacht und sich ihre Rücken-, After- und Bauchflossen verlängern. Etwa ab dem 24. Tag nach dem Laichen wird die Querstreifung erkennbar, nach 30 Tagen sind die Jungen 12-14 mm lang (BRALL 1994).

STERBA (1959b) hat die Wachstumskorrelationen junger Segelflosser bis zum Halbwüchsigsein an dem bekannten Zuchtstamm »Buschendorf« studiert und beschrieben. Neben einigen weniger bedeutsamen Proportionsveränderungen treten die folgenden umso deutlicher sichtbar in Erscheinung: »Die auf die Körperlänge bezogene relative Körperhöhe nimmt zunächst stark, später nur noch wenig zu ... Das Wachstum der Rücken- und Afterflosse eilt bei *Pterophyllum* zunächst dem Körperwachstum voraus, wird jedoch bei halbwüchsigen Tieren recht unvermittelt und bleibend gehemmt. Die absoluten Flossenmaße sind daher bei halbwüchsigen und erwachsenen *Pterophyllum* fast gleich ... bzw. die auf die Körperlänge bezogenen relativen Flossenmaße nehmen von halbwüchsigen Individuen an ab ...« Mit anderen Worten: Etwa halbwüchsige Tiere wirken viel langflossiger und damit dem Idealbild der Segelflosser entsprechender als erwachsene und vor allem mehrjährige Tiere.

5.2 Reifestadium

Die Erwachsenenphase ist vor allem durch die Fortpflanzungsaktivität gekennzeichnet. Sie beginnt bei den Aquarienskalaren etwa mit dem Abschluß des ersten Lebensjahres, kann aber auch früher oder später eintreten. In den Gonaden entwickeln sich Spermien und Eizellen. Das hat über das Hormonsystem gewisse Rückwirkungen auf das äußere Erscheinungsbild der Fische. Es kommt zur Ausprägung sekundärer Geschlechtsmerkmale, die jedoch bei *Pterophyllum* nicht sehr auffällig sind.

In der Regel bleiben die jungen Weibchen etwas im Wachstum zurück, während ihre männlichen Geschwister zunächst noch zügig, dann langsamer weiterwachsen. So entsteht eine Größendifferenz, die (meist) nicht mehr ausgeglichen wird. Viele adulte Männchen bekommen außerdem einen mehr oder weniger stark entwickelten Fettbuckel, der ihre Stirnlinie aufgewölbt und ihnen ein »bulliges« Aussehen verleiht. Dieses Merkmal tritt besonders deutlich bei manchen Aquarienstämmen der *eimekei*-Form auf, weniger dagegen bei den sattelnasigen Segelflosservarianten. Laichreife gut genährte Weibchen zeigen Laichansatz, der sich an ihren Flanken markiert. Außerdem erscheint ihre Afterflosse sichelförmig schmaler, als die oft breitere segelförmige der Männchen. Schließlich muß in diesem Zusammenhang auf die unterschiedlich gestalteten Genitalpapillen der Männchen und Weibchen hingewiesen werden, die wir bereits unter Kapitel 3.5. beschrieben haben.

Auch das Farbkleid verändert sich unter dem Einfluß der Geschlechtsreife. Durch zunehmende Guanineinlagerungen in die Haut bekommen die zunächst gelblich getönten Segelflosser den für sie so charakteristischen Silberglanz. Außerdem färbt sich die Iris erwachsener Skalare rot oder goldgelb.

Im Gegensatz zu den geschlechtsgebundenen Körperproportionen lassen sich aus der Färbung und Zeichnung keine Hinweise auf das Geschlecht der Fische ableiten. Segelflosser gehören zu den sogenannten »monomorphen« Buntbarschen, bei denen beide Geschlechter gleich gefärbt sind.

Während der Erwachsenenphase sind die Fische in ethologischer Hinsicht am aktivsten. Verhaltensweisen wie Revierverteidigung und Brutpflege spielen bei den Jungfischen noch nicht und bei älteren Fischen nicht mehr eine Rolle. Dieser Zeitabschnitt währt einige Jahre und geht dann allmählich in die Altersphase über.

5.3 Altersphase

Nun kommt es zum Abbau von Körpersubstanz und zur Verminderung von Körperfunktionen. Mit dem Erlöschen der Fortpflanzungsaktivität verliert auch das Territorialverhalten an Bedeutung, die Tiere werden friedlicher und duldsamer untereinander. Sie fressen auch weniger als junge, im Wachstum begriffene Segelflosser und solche, die durch das periodische Laichen einen erheblichen Substanzverlust auszugleichen haben.

Schließlich kommt es zum physiologisch bedingten Alterstod, falls die Entwicklung des Einzelwesens nicht bereits vorher gewaltsam durch Krankheit oder Unfall beendet worden ist.

Die ältesten Segelflosser des Verfassers wurden acht Jahre alt. LEDERER (1931) berichtet von Importfischen, die er bereits ausgewachsen erhielt und noch weitere fünfzehn bzw. sechzehn Jahre pflegen konnte.

6 Segelflosser als Aquarienfische

6.1 Aquaristische Einführungsgeschichte und Bedeutung

Zu Beginn des 20. Jahrhunderts war der Zierfischimport noch nicht so perfektioniert wie heute, sondern meist eine Nebenbeschäftigung von Seeleuten. Namentlich auf kleineren Dampfern bei schwerer See und kühler Witterung traten hohe Verluste auf, weil viele Tropenfische den großen Strapazen der langen Überfahrt nicht gewachsen waren, die sie in einem Tonkübel, einer ausgepichten Kiste oder Badewanne, selten auch in einem Aquarium verbringen mußten (ARNOLD 1911a, LADIGES 1957).

Auf Veranlassung ihrer Auftraggeber konservierten manche Fänger unterwegs gestorbene Fische, um so Hinweise auf Arten zu geben, die in Europa noch unbekannt waren, und die für die nächste Reise ein gutes Geschäft versprachen.

Auf diese Weise gelangten 1906 drei in Formol konservierte Skalare in die Hände des Hamburger Importeurs SIGGELKOW (GEIDIS 1920). Er stellte sie und andere Fische im September 1909 J. P. ARNOLD zur Verfügung. ARNOLD (1911a) erkannte sofort die aquaristische Bedeutung der außergewöhnlichen Fischgestalten, ließ ihre Artzugehörigkeit von BOULENGER in London feststellen und bemühte sich um ihre Wiedereinführung.

Nachdem angeblich 1907 drei lebende Exemplare in Hamburg eingetroffen waren (REUTER 1911 ff.), gelangte im Frühjahr 1911 ein einzelnes Tier über Hamburg wahrscheinlich in die Hände eines Breslauer Liebhabers. Ende des gleichen Jahres traf dann der erste größere und langersehnte *Pterophyllum*-Import mit dem Amazonasdampfer »Rio Grande« in Hamburg ein (ARNOLD 1911b). Er bestand aus 26, nach anderen Angaben aus 22 Tieren, die wahrscheinlich SAGRATZKY gefangen hatte, und die über EIMEKE, KROPAC, KUNTSCHMANN und andere Zwischenhändler an verschiedene Interessenten weiterverkauft wurden.

Einige Tiere erwarben die Vereinigten Zierfischzüchtereien in Conradshöhe. Zwei Exemplare kaufte der Hamburger Aquarianer ERDMANN und stellte sie als große Attraktion auf der gerade stattfindenden Zierfischausstellung in der »Alsterlust« aus. Hauptsächlich mit diesen ersten öffentlich gezeigten Segelflossern errang ERDMANN den höchsten Vereinspreis und die goldene Medaille der Ausstellung. Leider überstanden die noch vom Transport geschwächten Fische nicht die Ausstellungsstrapazen und bezahlten bald darauf den Erfolg des Besitzers mit ihrem Leben (ARNOLD 1911b, EIMEKE 1912).

CARL HAGENBECK hatte dagegen länger Freude an seinen vier Segelflossern aus diesem Import. Sie schritten im Tierpark Stellingen sogar zur Fortpflanzung, wurden bei der Brutpflege aber immer wieder zum großen Ärger ihres verzweifelten Pflegers durch das Publikum gestört (GRAVENHORST & CVANCAR 1915).

Auch andere Zoos erkannten bald den großen Schauwert der attraktiven Skalare. Der Frankfurter Zoo erhielt 1912 eine Importsendung für sein schon damals vorbildliches Aquarium. Zwei dieser Wildfänge lebten, wie wir lasen, 15 beziehungsweise 16 Jahre in der Gefangenschaft (LEDERER 1931). In der Folgezeit trafen dann häufiger kleinere und auch größere Segelflosserimporte ein, die für »ein paar Goldstücke« je Fisch reißend Absatz fanden (EIMECKE 1912). Sie stammten nicht nur vom Amazonas selbst, sondern auch vom Rio Negro und aus anderen Teilen des Verbreitungsgebietes. Insofern war das Tiermaterial, mit dem die Aquarianer ihre Anfangserfahrungen mit Segelflossern sammelten, sowohl genetisch als auch im äußeren Erscheinungsbild recht uneinheitlich.

Natürlich bemühten sich die ersten glücklichen Skalarepfleger um Zuchterfolge, die sich aber nur zögernd einstellten. Abgesehen von der oben genannten Problematik wußte man noch nicht, wie die Fische laichen und hatte Schwierigkeiten mit der Geschlechtsbestimmung. ARNOLD räsonierte darüber 1914 in der Wochenschrift: »... Bald hielten wir die längeren Fäden der Bauchflossen, bald die in Fäden auslaufenden oberen und unteren Strahlen der Schwanzflosse, bald wieder die intensive Färbung des einen für geschlechtliche Merkmale des Männchens um dann, wenn wir das gegenseitige Verhalten der Tiere in Betracht zogen, kurz darauf wieder zu anderen Schlüssen zu kommen, die natürlich ebensowenig maßgebend waren, und ich muß gestehen, dass ich heute noch ebenso klug, richtiger so dumm bin, als wie zuvor«.

Die Situation wurde dadurch erschwert, dass die meisten Liebhaber, sofern sie sich überhaupt die teuren Fische leisten konnten, aus finanziellen Gründen nur wenige Tiere kauften. Man versuchte notgedrungen aus dem Angebot des Händlers ein »Zuchtpaar« zusammenzustellen, was bei den geringen und damals noch weitgehend unbekannten Geschlechtsunterschieden von *Pterophyllum* ein reines Glücksspiel war. Nach STAWIKOSWKI & WERNER (1998) hielt man die Skalare oftmals auch viel zu kühl.

JOSEPH CVANCAR, ein in Hamburg lebender Österreicher, hatte Glück! Er erwarb 1913 ein halbwüchsiges Paar für 100,- Mark, mit dem er dann ein Jahr später die ersten erfolgreichen Zuchten machte. Ende 1914 besaß er bereits 500 Jungfische (CVANCAR 1914, GRAVENHORST & CVANCAR 1915).

CVANCARs berühmtes Zuchtpaar, von dem seinerzeit die meisten in Deutschland lebenden Skalare abstammen sollten, wurde von CHRISTIAN BRÜNING gezeichnet und mehrfach in der Wochenschrift abgebildet. WILHELM EIMEKE konnte dann als erster Berufszüchter und Händler *Pterophyllum scalare* vermehren.

Von 1914-1918 und während der entbehrungsreichen Nachkriegsperiode gingen die Zuchtversuche trotz steigender Lebenshaltungskosten (Gaspreise!) weiter. Es liegen aus dieser Zeit aber nur wenige Erfolgsmeldungen vor, von denen der Beitrag von OTTO RIETSCHEL (1917) wegen seiner uneigennützigen Ausführlichkeit Beachtung verdient. So blieb der Segelflosser bis etwa in die Mitte der zwanziger Jahre hinein eine teuer zu bezahlende Seltenheit, die sich vorerst nur begüterte Liebhaber leisten konnten. Die anderen begnügten sich mit anspruchsloseren Fischen, wie etwa dem Scheibenbarsch, *Enneacanthus chaetodon*. Dieser Kaltwasserfisch wurde wegen seiner, allerdings sehr entfernten Ähnlichkeit mit *Pterophyllum* und seiner weiten Verbreitung bei den einkommensschwachen Aquarianern bezeichnenderweise »Arbeiterskalar« genannt.

Um 1925 hatte man die Zuchtprobleme bei Segelflossern soweit gelöst, dass die Fische in größeren Stückzahlen zu relativ erschwinglichen Preisen angeboten werden konnten. Es trafen auch wieder Importe ein. So erhielt EIMEKE am 13.8.1924 von SAGRATZKY mit einem Tiertransport aus dem Amazonasgebiet auch wieder 32 Skalare. Unter ihnen sollen sich angeblich auffallend kleinwüchsige Tiere befunden haben, die nach SCHREITMÜLLER (1926) und MEINKEN (1929) zunächst für *P. altum* gehalten und dann von AHL (1928a, 1928b) als *Pterophyllum eimekei* neu beschrieben wurden. Seit LADIGES (1949) gilt dieser Fisch zwar als »Zuchtrasse« von *P. scalare*, obwohl Zeitzeugen ganz anderer Ansicht waren! So betonte ARNOLD (1926), der die neuen Skalare offenbar kurz nach ihrem Eintreffen bei EIMEKEI gesehen hatte: »Immerhin waren die Unterschiede derartig, dass man die neuen (...) leicht aus einer größeren Anzahl gleichgroßer alter Skalare hätte herausfinden können.« TANNERT (1927) urteilte über die von ihm nachgezogenen »Zwergskalare« ähnlich. Heute gilt *Pterophyllum eimekei* als Synonym von *Pterophyllum scalare* (sensu lato), aber vielleicht ist das letzte Wort hierüber noch nicht gesprochen worden. Die aquaristische Vorteile von *Pterophyllum eimekei* lagen in der geringen Körpergröße und leichteren Züchtbarkeit. Mit diesen Eigenschaften gelang es ihm in relativ kurzer Zeit, die bis dahin gepflegten großwüchsigen, in der Zucht aber heiklen Segelflossertypen zu verdrängen. Das wurde vielfach bedauert, hat aber andererseits die Entwicklung der Skalare zum Allgemeingut der Aquarianer gefördert.

Somit gehörten diese beliebten Cichliden zum eisernen Bestand der Zierfischfreunde, der die Zeit von 1939-1945 im Gegensatz zu vielen anderen Zierfischarten in den Aquarien überdauerte und bald danach wieder in größeren Stückzahlen angeboten wurde. LADIGES erwähnt 1959 eine Spezialzüchterei, die jährlich wenigstens 30 000 Exemplare auf den Markt brachte.

Einer Umfrage der »Zentralen Arbeitsgemeinschaft Cichliden« im Kulturbund der damaligen DDR zufolge, war der Segelflosser in der Mitte der sechziger Jahre mit weitem Abstand der von dieser Interessengemeinschaft am häufigsten gepflegte Buntbarsch. Allerdings wurden – in Folge der domestikationsbedingten Zunahme der Formenvielfalt – hauptsächlich Zuchtformen gepflegt.

Hinter schleierflossigen, schwarzen und gescheckten Varianten sowie deren Kreuzungsprodukten trat die Wildform immer mehr zurück. Damit verlor eine Fischgestalt an Bedeutung, die seinerzeit wegen ihrer ungewöhnlichen Einmaligkeit als »König der Aquarienfische« zu dem Symbol der Aquaristik wurde.

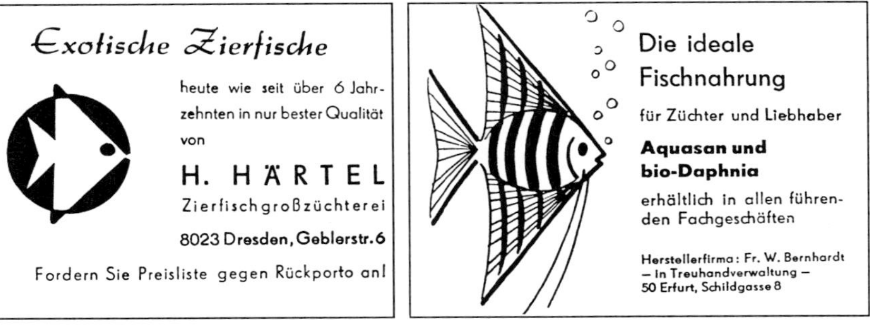

Abb. 33: Segelflosserdarstellungen als Firmenwerbung. Foto: H.-J. PAEPKE.

Zahlreiche Vereine, wie die Berliner »Tischrunde Scalare«, die Vereinigten Hamburger Zierfischfreunde »Pterophyllum scalare von 1920 E. V.«, der I. Hernalser Arbeiter-Aquarien- und Terrarienverein »Scalare« in Wien und viele andere hatten sich in den zwanziger und dreißiger Jahren den Segelflosser als Wappentier gewählt. Fachgeschäfte firmierten gerne unter dem zugkräftigen Skalarezeichen, z. B. die Zierfischzüchterei Härtel in Dresden. Als Titelvignette zierte *Pterophyllum scalare* jahrelang die »Blätter für Aquarien- und Terrarienkunde« und die »Wochenzeitschrift für Aquarien- und Terrarienkunde«, »Die Aquarien- und Terrarienzeitschrift« und ebenso viele Fachbücher über Zierfischpflege, Führer durch öffentliche Schauaquarien und andere Publikationen (Abb. 33, 34).

So wurde die eindrucksvolle Gestalt des Segelflossers auch außerhalb aquaristischer Kreise populär und damit zu einem beliebten Motiv, dem wir in vielfältiger Form begegnen, wenn das Thema »Fisch« auf Gemälden, Zeichnungen, als Collage oder Plastik dargestellt wird.

Abb. 34: Segelflosserdarstellungen als Titelvignetten von aquaristischen Fachzeitschriften. Foto: H.-J. Paepke.

Im Mai 1972 sollen das erstemal 14 Jungtiere von *Pterophyllum altum* durch Bleher in die Bundesrepublik aus dem Orinoko eingeführt worden sein. Kurze Zeit später folgten 30 weitere Exemplare nach (Schmidt-Focke 1973). Von einigen unsicheren früheren Importen berichten Stawikowski & Werner (1998). Die deutsche Erstzucht von *Pterophyllum altum* gelang Siegrist (1993), nachdem die Art zuvor mehrfach mit *Pterophyllum scalare* bastardiert worden sein soll (Krüger 1987). Zeitgleich mit Siegrist konnte Azuma (1994) *Pterophyllum altum* in Japan vermehren. Der bisher erfolgreichste *altum*-Züchter ist aber zweifellos Linke (2000) gewesen.

Die ersten *Pterophyllum leopoldi* wurden von J. Erlandsson in Schweden vermehrt (Erlandsson & Erlandsson 1982). Durch Vermittlung von S. O. Kullander erhielt der Verfasser im November 1982 von der schwedischen Importnachzucht 12 Jungtiere. Sie trafen unter dem Namen *Pterophyllum dumerilii* ein und konnten in Potsdam weitervermehrt und in der damaligen DDR verbreitet werden (PAEPKE 1984, 1996). Etwa ein Jahrzehnt später importierte SCHMIDT-KNATZ aus Manaus erneut *Pterophyllum leopoldi* (STAWIKOWSKI & WERNER 1998). Mit Nachzuchten von diesem Import züchtete KRESTIN (1994a) weiter (siehe auch unter Kapitel 6.4).

6.2 Haltungsbedingungen

Skalarbecken sollten der Größe ihrer Bewohner entsprechend geräumig sein. Ein Aquarium von 100-120 cm Kantenlänge und einer Höhe von 40-50 cm ist das Mindeste, was man einer kleinen Gruppe von 4 bis 6 Segelflossern anbieten sollte. Je größer das Aquarium ist, um so besser eignet es sich für die Haltung dieser nicht gerade kleinen Zierfische. Für die Pflege von *Pterophyllum altum* fordert LINKE (2000) ein Wasservolumen von 200-300 l bei einer Beckenhöhe von mindestens 50 cm.

Als Begleitarten kommen nur ruhige Fische, wie Flaggenbuntbarsche, Diskusbuntbarsche, Panzerwelse, eventuell auch Salmler der Gattungen *Hyphessobrycon* oder *Moenkhausia* in Frage, falls man es nicht vorzieht, *Pterophyllum* im Artbecken allein zu pflegen. Beifische können als erwünschter »Feindfaktor« zur Intensivierung der Brutpflege von Skalaren beitragen aber auch beruhigend auf Segelflosser einwirken, weil sie auf Außenreize oftmals weniger empfindlich reagieren. Barben und manche Salmler können aber die fadenförmigen Flossenfortsätze der Skalare beknabbern. Das tun gelegentlich auch lebendgebärende Zahnkarpfen, die gern in Skalarbecken gehalten werden, um den Hauptmietern durch ihre Nachkommenschaft ein zusätzliches Futterangebot zu bieten. Schlanke Salmler (z.B. Neons), aber auch kleine *Otocinclus*-Arten, werden von den Skalaren als Beute betrachtet, wobei erbeutete Ohrgitterwelse (nach LINKE 2000) mit ihren Stacheln ihrerseits die Skalare gefährden können.

Segelflosserbecken sollten vor allem durch Astwerk und Wurzeln vertikal strukturiert sein, so dass ihre Bewohner Brutbezirke und Individualstandorte abgrenzen und geeigneter Laichplätze finden können. Aufwärtsstrebende breitblättrige Pflanzen (wie größere *Vallisneria*- und *Echinodorus*-Arten) dienen dem gleichen Zweck. Sie kommen (nach STAECK 2001b, 2002a) zwar kaum in den natürlichen Lebensräumen der Skalare vor, erfüllen im Aquarium aber wichtige Aufgaben beim Abbau von tierischen Stoffwechselendprodukten. Zur hygienischen Überwachung der empfindlichen *Pterophyllum altum* können nach LINKE (2000) gut überschaubare und trotzdem dekorativ gestaltete (hygienische) Aquarien von Vorteil sein, mit flacher leicht absaugbarer Feinsandschicht, Pflanzen in herausnehmbaren Tongefäßen und mit nicht faulenden Wurzelimitationen aus gebranntem Ton.

Wenn man die Aquarienbeleuchtung auf den dichter bepflanzten Hintergrund des Skalarbeckens konzentriert, halten sich dessen Bewohner vorzugsweise in den schattigen vorderen Bereichen auf und lassen sich so besser beobachten.

Wie bereits unter Kapitel 2.2 gesagt, benötigen Segelflosser Wassertemperaturen zwischen 26 und 28°C, vertragen kurzfristig aber auch ein allmähliches Absinken der Temperatur unter 25°C. Eine zu kühle Haltung schwächt jedoch die natürlichen Abwehrkräfte der Fische und macht sie für verschiedene Erkrankungen anfällig.

Unsere heutigen Aquarienskalare stellen keine besonderen Anforderungen an den Wasserchemismus. Wer jedoch gute Zuchtergebnisse erzielen will, sollte etwa 12° dGH bei neutralem pH-Wert nicht wesentlich überschreiten. Obwohl *Pterophyllum altum* und manche Wildfänge von *Pterophyllum scalare* aus mineralstoffarmen Schwarzwassergebieten stammen, kann man sie in einem Wasser mit einer Leitfähigkeit von 200-400 μS bei einem pH-Wert von etwa 6,5 bis knapp unter 7 noch gut pflegen (LINKE 2000). Bei PAEPKE (1984, 1996) vermehrte sich *Pterophyllum leopoldi* sogar im ungünstigen Potsdamer Leitungswasser bei 23,7°dGH, 9,1° KH (1100 μS), pH-Wert 7,9!

Ein regelmäßiger Teilwasserwechsel, ein effektiver Filter und eine nicht zu starke Belüftung dienen zur Aufrechterhaltung eines gesunden Milieus, in dem sich die Skalare wohlfühlen.

Ältere Segelflosser vertragen plötzliches Umsetzen in völlig neue Wasserverhältnisse manchmal schlecht und können dabei einen physiologischen Schock erleiden.

Der Erfurter Aquarianer TAENZER (1914) wußte bereits von seinen Segelflossern, »dass diese intelligenten Tiere ein Unterscheidungsvermögen für Personen besitzen«, was WOLTERTORFF (an gleicher Stelle) zu Unrecht bezweifelte. Während Skalare ihrem Pfleger gegenüber oft recht vertraut sind, können sie durch fremde Personen leicht erschreckt werden. Auf jeden Fall sollte man bei der Aufstellung und Wartung eines Skalarbeckens die Schreckhaftigkeit seiner Bewohner beachten. Auch verständnisvoll gepflegte Tiere bleiben sensibel. Sie reagieren gelegentlich bei Erschütterungen, Schattenwurf und auffälligen Bewegungen in der Nähe des Beckens oder bei Manipulationen im Aquarium selbst mit panikartigen Fluchten. Dabei können sie sich verletzen. Das passiert vor allem in deckungsarmen, zu hell stehenden Aquarien. Nach LINKE (2000) gewöhnen sich Skalare aber bis zu einem gewissen Grade an ein normales Leben in ihrer Umgebung, weshalb besonders ruhige, abgeschirmte Aquarienstandorte für sie gar nicht einmal so günstig sind.

6.3 Fütterung

Wer sich einen Trupp gesunder halbwüchsiger Skalare angeschafft hat, wird bald erstaunt über den großen Appetit sein, den seine neuen Pfleglinge entwickeln. Ihre Fresslust hält auch noch an, wenn die Fische bereits einige Zeit erwachsen sind. Namentlich die fortpflanzungsfähigen Weibchen benötigen viel Nahrung, um die Körpersubstanz zu ersetzen, die durch das periodische Ablaichen verloren geht. Ältere Skalare nehmen dagegen, trotz ihrer oft beträchtlichen Größe relativ wenig Nahrung auf. Das proportionale Verhältnis zwischen Baustoffwechsel und Betriebsstoffwechsel hat sich inzwischen bei ihnen verschoben.

Rote, weiße und schwarze Mückenlarven bilden ein ideales Futter für unsere Segelflosser und können, ebenso wie die Krebschen *Artemia* und *Mysis*, auch gefrostet verwendet werden. Lebende Rote Mückenlarven und auch Bachröhrenwürmer (*Tubifex*), die aus abwasserbelasteten Gewässern stammen, muß man vor der Verfütterung einige Tage unter fließendem Wasser reinigen. Beide bietet man, ebenso wie die fettreichen Enchyträen, in schwimmenden Futtersieben an, damit sie für die Skalare gut erreichbar sind. Was zu Boden fällt, wird ungern aufgenommen.

Daphnien und Copepoden bilden ebenfalls eine wichtige Nahrungsgrundlage für unsere Skalare. Wasserflöhe sind nährstoffarm, ballaststoffreich und wegen ihres hohen Carotingehaltes für den Vitaminhaushalt der Fische wertvoll. Hüpferlinge aktivieren die Fortpflanzungsbereitschaft der Fische im Frühjahr und regen sie nach längerer winterlicher Fütterung mit Frostfutter, Enchyträen und *Tubifex* oft spontan zum Ablaichen an. Neben diesen gebräuchlichen Futtertieren können gelegentlich auch dickere Brocken, wie Rückenschwimmer, Kellerasseln und Regenwürmer mit Erfolg verfüttert werden, wenn die Segelflosser an sie gewöhnt sind. Auch Fischbrut wird gern gefressen, ebenso der eigene Laich. Mehrfach wurde davon berichtet, dass Skalare kleine Fischchen bis zur Größe eines Guppymännchens oder Neonsalmlers als willkommene Nahrungsergänzung betrachten. Gelegentlich werden als Zusatz- oder Ersatznahrung Grünalgen und andere pflanzliche Stoffe aufgenommen. Nach ROTHE (1999) könnte das mit dem jahreszeitlich unterschiedlichen Nahrungsangebot in den natürlichen Lebensräumen der Segelflosser zusammenhängen.

Trockenfutter wird gelegentlich angenommen. Es sollte aber keineswegs zur ausschließlichen Ernährung von Skalaren dienen sondern mit lebenden oder gefrosteten Futtertieren kombiniert werden, wie ganz allgemein häufiger Wechsel der Futterarten von Vorteil ist und Nahrungsverweigerung vorbeugt.

Günstig ist es, die Futterration eines Tages auf mehrere kleine Portionen zu verteilen (etwa morgens und abends füttern). Eine gelegentliche Futterverweigerung läßt sich durch Nahrungs- und teilweisen Wasserwechsel meist beheben, falls sie keine krankheitsbedingten Ursachen hat.

Junge Skalare, die den Dottersack eben aufgezehrt haben, füttert man zunächst mit feinstausgesiebten *Cyclops*-Nauplien oder Bosminen möglichst mehrfach am Tage an. Als Ersatz für natürliches Tümpelfutter kann man frischgeschlüpften *Artemia*-Nauplien reichen. Nach etwa ein bis zwei Wochen bewältigen die jungen Segelflosser bereits ausgesiebte Hüpferlinge, picken an Futtertabletten, die man an die Aquarienscheibe klebt und zupfen Hautpartikel von ihren Eltern ab. Auch von den Eltern zerkaute und in den Schwarm gespiehene Mückenlarven nehmen sie auf. Als Größenorientierung für die Größe des Jungfischfutters kann der Augendurchmesser der jungen Skalare dienen.

6.4 Zuchtmethoden

Segelflosser gelten mit Recht als unzuverlässige Brutpfleger. Unter landläufigen Aquarienbedingungen werden die meisten Gelege oder frisch geschlüpften Fischlarven von den Eltern gefressen. Um die ersten kostbaren Importtiere in nennenswertem Umfange vermehren zu können, blieb nichts anderes übrig, als das Gelege von den Eltern zu trennen und es künstlich aufzuziehen. Seitdem RIETSCHL bereits 1917 als einer der ersten Züchter diesen Schritt gegangen ist, werden bis heute die meisten Segelflosser ohne elterliche Brutpflege aufgezogen.

Das kann auf verschiedene Weise geschehen. So empfiehlt NEUMANN (1958), laichbereite Paare in ein mittelgroßes Becken (70 l) umzusetzen. Nach dem Ablaichen entfernt er wieder die Eltern aus dem Zuchtbecken und zieht die Brut ohne sie auf. Weitaus gebräuchlicher ist jedoch folgendes Verfahren:

Wenn die Segelflosser in ihrem Aquarium gelaicht haben, überführt man das Blatt mit dem anhaftenden Gelege unmittelbar nach dem Laichen in ein Aufzuchtbecken mit sauberem frischem Wasser. Bei Zuchtformen, deren Eier auf dem Laichsubstrat schlecht haften, wartet man damit noch einen Tag. Das Blatt wird in der gleichen Lage fixiert, die es an seinem ursprünglichen Standort innehatte. Eine möglichst feinperlige Durchlüftung ordnet man so an, dass ein ständiger Wasserstrom an dem Gelege vorbeistreicht. Die Durchlüftung ersetzt so das Fächeln der Eltern. Diese würden auch abgestorbene und verpilzte Eier mit dem Maule absammeln. Da das nicht möglich ist, werden dem Aufzuchtwasser häufig antibakterielle und fungizide Substanzen hinzugesetzt, die die Ansiedlung von Bakterien und Pilzen auf den Eiern verhindern sollen. Sie müssen jedoch nach einigen Stunden des Einwirkens über Aktivkohle ausgefiltert werden, damit sie keine Schäden an den sich entwickelnden Embryonen hervorrufen. Einige der Substanzen sind Mitosegifte.

Abb. 35: Elternpaar mit Jungen. Foto: G. LANYI.

Die Jungen schlüpfen bei Temperaturen von 26-28°C nach zwei Tagen; bei 24°C dauert es einen Tag länger. Man kann sie dann entweder vom Blatt abschütteln und dieses sowie abgestorbene Eier entfernen, oder man wartet damit bis zum Freischwimmen der Jungen, also etwa bis zum 7. Tag nach der Eiablage. Dann beginnt man mit dem Anfüttern, wie unter 6.3 gesagt. Je nach Größe des Geleges und Aufzuchtbeckens wird man früher oder später genötigt sein, die sich rasch entwickelnden Jungfische in ein geräumigeres Aquarium zu überführen. Ein regelmäßiger Teilwasserwechsel mit täglichem Absaugen von Kot und abgestorbenen Futtertieren, fördern die zügige Entwicklung der Jungen. Weiterhin kann es nützlich sein, die Keimzahl im Wasser durch Filterung über Torf oder Einleiten von Ozon zu senken, um das Ausbrechen der Bakteriellen Flossenfäule und anderer Krankheiten zu verhindern. Bis zur handelsfähigen Größe von 3 cm Körperlänge benötigen wild- und goldfarbene Skalare 12-15, Koi-Skalare 13-16, marmorierte Zuchtformen 14-17 und schwarze sogar 16-20 Wochen (ELIÁS & PODVENSKY 2002).

Diese in mehreren Varianten praktizierte Aufzuchtmethode bietet vorwiegend dem Berufszüchter Vorteile, zumal sich durch das regelmäßige Entfernen des Geleges auch der Laichrhythmus der Zuchttiere beschleunigen läßt.

Der biologisch interessierte Aquarienfreund möchte dagegen lieber den vollständigen Brutpflegezyklus seiner Segelflosser beobachten. Das ist, wie PINTER (1967b und 1969) betont hat, möglich, wenn man einen Trupp fortpflanzungsfähiger Tiere gemeinsam in einem genügend großen Artbecken pflegt (bei PINTER z. B. vier Männchen und drei Weibchen in einem Aquarium 100 X 60 X 60 cm).

Auf diese Weise finden sich die Brutpaare selbst zusammen. Unter dem Einfluß des »Feindfaktors« (Artgenossen!) kommt es zu einer sinnvollen Arbeitsteilung zwischen den Geschlechtern. Während das Weibchen vorwiegend das Gelege betreut, übernimmt das Männchen die Außenverteidigung des Brutreviers. Es hat dadurch weniger Zeit, sich ebenfalls um das Gelege zu kümmern und streitet deshalb auch nicht so oft mit seiner Partnerin um die Vorherrschaft bei dieser Aufgabe. Letzteres kommt häufiger bei allein gehaltenen Zuchtpaaren vor, bei denen der Feindfaktor als offenbar bedeutsamer Umweltreiz fehlt.

Wichtig ist ferner, äußere Störfaktoren zu vermeiden. So kann das plötzliche Ein- oder Ausschalten der Aquarienbeleuchtung zu Schreckreaktionen und damit ebenfalls zum Verlust des Geleges führen. Besser ist es, über dem Aquarium auch nachts eine schwache Lichtquelle brennen zu lassen.

Ist auf diese Weise die Entwicklung der Brut bis zum Freischwimmen erfolgreich verlaufen, muß man die überzähligen Beckenbewohner vorsichtig herausfangen, weil sie sonst, trotz der elterlichen Fürsorge, zu einer Gefahr für die ausschwärmenden Jungen werden.

Diese Methode der »natürlichen« Nachzucht bietet neben verhaltenskundlichen Beobachtungsmöglichkeiten auch den Vorteil, dass die Brutpaare vier bis sechs Wochen lang ihre Nachkommen betreuen, ehe es zu einer erneuten Laichabgabe kommt. Sie erschöpfen sich nicht so schnell durch zu häufiges Laichen, wie das der Fall ist, wenn ihnen das Gelege fortgenommen wird. Dann aber sollte man Erwachsene und Jungfische trennen, da letztere ihren Eltern zunehmend die Flossenspitzen abknabbern (BRALL 1994, ROTHE 1999). Mehrere Autoren, besonders WICKLER (1970), haben davor gewarnt, substratbrütende Cichliden über viele Generationen hinweg ohne Beteiligung der Eltern aufzuziehen. Ungewollt würde man auf diese Weise Tiere züchten, die schließlich zur normalen Brutpflege nicht mehr fähig wären, weil auch Eltern mit unzureichender Brutpflege ihre Gene an die Nachkommen weitergeben würden.

PINTER (1967a, 1967b, 1969, 1993) bestreitet zwar derartige genetische Veränderungen im Brutpflegeverhalten und führt die mangelhafte Brutfürsorge vieler Skalare ausschließlich auf umweltbedingte Störungen zurück. Wie es der Verfasser jedoch viele Jahre lang erlebte, ist auch bei peinlich genauer Befolgung der von PINTER empfohlenen Methode keinesfalls immer der Erfolg garantiert. Zu viele Fehlreaktionen der Brutpaare sprechen dafür, dass WICKLERs Warnung durchaus ernstzunehmen ist. Siehe hierzu auch STALLKNECHT (1992, 1993), GUTJAHR (1993) und WACHTEL (1993).

Das bisher Gesagte gilt vor allem für *Pterophyllum scalare* (sensu lato). PAEPKE (1984, 1996) gelang im Januar und Februar 1984 die »künstliche« Aufzucht des vierten und fünften Geleges einer Laichserie von *Pterophyllum leopoldi* bei Wasserwerten von 23,7° dGH, 9,1 ° KH (1100 µS), pH 7,9 und täglichem Teilwasserwechsel mit Potsdamer Leitungswasser. Die Jungen schlüpften bei 28°C am 3. Tag, schwammen am 7. Tag frei und wurden mit gesiebten Cyclops-Nauplien aufgezogen. Nach drei Wochen waren sie 15 mm lang; die zunächst goldgelbe Grundfärbung ging in ein Silbergrau über und die Querbinden prägten sich aus. Zwei Wochen später entwickelte sich der charakteristische schwarze Rückenfleck. Beide Bruten erbrachten 244 Jungtiere.

KRESTIN (1994a) konnte das Fortpflanzungsverhalten von *Pterophyllum leopoldi* bei fünf Bruten in einem 300-Liter-Aquarium genau beobachten. Er überführte erst die freischwimmenden Jungen, von denen er 350 mit *Artemia*-Nauplien aufziehen konnte, in ein gesondertes Becken. Krestin hatte durch täglichen Wasserwechsel mit vollentsalzenem, torfgefiltertem Wasser die Leitfähigkeit des Aquarienwassers auf 200 µS und den pH-Wert auf 5,3 gesenkt. Bei 27°C schlüpften die Larven ebenfalls am 3. Tag und schwammen am 8. Tage frei.

Die ersten drei Zuchten von *Pterophyllum altum* gelangen SIEGRIST (1993) in einem 600-Liter-Artbecken. Sein Zuchtpaar pflegte sehr gut, doch haftete der Laich schlecht und wurde zur weiteren »künstlichen« Aufzucht mitsamt der Wurzel an dem er klebte in ein separates Becken überführt. Die Jungen schlüpften nach etwa zweieinhalb Tagen, schwammen nach weiteren sechs Tagen frei, waren größer als gleichaltrige *Pterophyllum scalare* und fraßen sofort *Artemia*-Nauplien. Eine Woche später reichte SIEGRIST Futtertabletten, noch später Flockenfutter und zerschnittene Rote Mückenlarven. Auf diese Weise konnte er von drei Bruten immerhin 500 Jungfische aufziehen.

LINKE (2000) hat seine reichhaltigen Erfahrungen bei der Zucht von *Pterophyllum altum* in einem Buch festgehalten. Danach laichen gut gepflegte und abwechslungsreich ernährte Wildfänge und deren Nachkommen vorzugsweise zwischen April und Juni. Voraussetzungen dafür sind unter anderem geräumige zweckentsprechend eingerichtete Aquarien von 200-300 l Inhalt, mineralstoffarmes Wasser mit einer Leitfähigkeit von 100-150 μS und einem pH-Wert von 5,5-6,0 sowie Hygienemaßnahmen zur Veringerung der Keimzahl im Wasser, wie regelmäßiger Teilwasserwechsel, wirkungsvolle Filterung, Belüftung mit Ozon etc. Der Schlupf erfolgt bei 27-28°C nach 60 Stunden, das Freischwimmen nach sieben Tagen. Die Jungen sind dann knapp 5 mm lang und bewältigen sofort frischgesplüpfte *Artemia*-Nauplien. Mit fünf bis sieben Tagen können sie Nauplien aller Größenstadien bewältigen, danach gesiebtes Tümpelfutter. Bei guter Fütterung und Beckenhygiene haben sie mit 20 Tagen bereits eine Spannweite von 4 cm erreicht, nach einem Jahr von 15-20 cm, nach zwei Jahren von knapp 30 cm. Mit drei Jahren sind sie ausgewachsen und 35 bis maximal 40 cm hoch! Bei künstlicher Aufzucht von *Pterophyllum altum* sollte der Aufzuchtbehälter zunächst 60-80 l groß sein. Eine knappe Woche nach dem Schlupf müssen die 200, 300 ja bis zu 500 Jungfischchen bereits durch vorsichtiges Absaugen in ein 200 l großes Becken überführt werden, damit sie sich optimal weiterentwickeln können.

6.5 Parasiten, Krankheiten, Missbildungen

Wenngleich gesunde und gut gepflegte Segelflosser bis zu 15 Jahre alt werden sollen, sterben doch die meisten Tiere einen wesentlich früheren Tod, der oft genug durch parasitäre oder andere Erkrankungen hervorgerufen wird.

In diesem Rahmen kann nur ein allgemeiner Überblick über die verschiedenen Krankheiten der Segelflosser gegeben werden. Detaillierte Darstellungen über Diagnose, Prophylaxe und Therapie findet man in der einschlägigen Fachliteratur und in speziellen Beiträgen, insbesondere solchen, die 1996 im DATZ-Sonderheft Diskus erschienen sind und die sinngemäß auch auf Segelflosser zutreffen (z. B. AMLACHER 1958/59, 1976, 1986, BASLEER 1983, LECHLEITER 2001, MENAUER 1996, RAHN 1996a, 1996b, 2001a, 2001b, 2001c, REICHENBACH-KLINKE 1957, REICHENBACH-KLINKE & KÖRTING 1993, UNTERGASSER 1996).

Parasitäre Erkrankungen: Das Vorhandensein einzelner Parasiten ist eine normale Erscheinung bei Wildfischen. Sie muß nicht zwangsläufig zu ernsten Erkrankungen oder gar zum Tod der Wirte führen. Erst wenn deren natürliche Abwehrkräfte durch Nahrungsmangel, unhygienische Zustände wie zu hohe Nitratwerte im Aquarienwasser, andauernde soziale Unverträglichkeiten als Folge ungeeigneter Beckengrößen oder –einrichtungen, Beleuchtungsstress oder andere negative Umweltfaktoren geschwächt sind, kommt es zur Massenvermehrung der parasitierenden Viren, Bakterien, Pilze, Einzeller, Würmer, Krebse usw. und damit zu ernsthaften Schädigungen der Wirtsfische. Maßnahmen, wie optimale Unterbringung und Pflege der Aquarienfische einschließlich deren ausgewogener und zweckmäßiger Ernährung, Quarantäne für Neuzugänge und Überwachung der Futtertiere, können das Ausbrechen parasitärer Seuchen zwar nicht völlig verhindern, aber doch in einer nicht zu unterschätzenden Weise vorbeugend wirken.

Die Bakterielle Flossenfäule (*Bacteriosis pinnarum*) tritt häufig bei Skalarbruten auf, die unter ungünstigen Verhältnissen heranwachsen müssen (Gedrängefaktor, schlechte Wasserqualität, Sauerstoffmangel, zu niedrige Temperaturen). Zu hohe Konzentration von Stickstoffverbindungen im Aquarienwasser sowie verdickte Schleimhäute (als Abwehrreaktion der Fische) sind ein idealer Nährboden für Bakterien. Die negativen Folgen für den Fischorganismus hat LECHLEITER (2001) sehr detailiert beschrieben. Es kommt schließlich zur Massenvermehrung stäbchenförmiger Bakterien (*Pseudomonas punctata* und *fluorescens*), die die Flossensäume der Jungfische einschließlich der Flossenstrahlen zerstören. Stärkere Schäden werden nie mehr regeneriert, die betroffenen Fische bleiben zeitlebens Krüppel (Abb. 15) oder sterben. Regelmäßiger Teilwasserwechsel sowie eine zweckmäßige Fütterung können vorbeugend wirken. Mattheis (1961) heilte diese Krankheit mit d-Chloronitrin (Dauerbad 6 Tage, 60 mg/l Wasser).

Ebenfalls von säurefesten Stäbchenbakterien soll die weitverbreitete Fischtuberkulose (*Tuberculosis piscidum*) verursacht werden. Sie tritt auch bei Segelflossern auf. Die Körperoberfläche erkrankter Fische zeigt oft blutige Geschwüre, Schuppenausfall, flache weißbraune Schadstellen, es kommt zu Glotzaugenbildung und damit zur Erblindung, Wirbelsäulenverkrümmung (Lordose), Ascitesbildung in der Leibeshöhle und typischen Tuberkuloseknötchen. Derartige dunkelpigmentierte Knötchen in den Augen von *Pterophyllum* hat REICHENBACH-KLINKE (1954) als Abkapselungen des parasitierenden Pilzes *Ichthyosporidium hoferi* gedeutet und abgebildet. Der Ausbruch der Fischtuberkulose wird am besten durch strenge Aquarienhygiene verhindert. Wegbereiter dieser gefährlichen Erkrankung sind nach AMLACHER (1986) wie überall »schlechte Wohnverhältnisse, ungünstige Ernährung und dichtes Aufeinanderstehen«.

Ähnlich verhält es sich bei der Infektiösen Bauchwassersucht, einer weiteren bakteriellen Erkrankung, die der Verfasser bei Skalaren in ihrer akut-ascididen Form beobachtet zu haben glaubt. Hier fallen vor allem die durch eine gelblich-wässerige Ascitesflüssigkeit aufgetriebenen Bäuche der Segelflosser auf, im fortgeschrittenen Stadium, nach 3 bis 4 Wochen, auch Schuppensträube. Geschwüre wurden nicht beobachtet. Immer waren es nur Einzeltiere der Gruppe, die trotz der Krankheit zunächst einen vitalen Eindruck machten. Auffällig war eine gewisse Immunisierung älterer Beckenbewohner gegenüber einer erhöhten Anfälligkeit neu hinzugesetzter Tiere. Krank (nicht nur in dieser Hinsicht) werden häufig die schwächsten oder dominanten Fische – als deutlicher Hinweis auf die Rolle des Stresses, folgert diesbezüglich LECHLEITER (2001).

Der Fischschimmel (*Saprolegnia*) befällt nach STERBA (1959) besonders langflossige Fische. Segelflosser, die zu kühl gehalten oder durch andere Beckeninsassen verletzt werden, können so »verpilzen«. Ebenso der Laich. Am Fischkörper bilden sich weißflockige Pilzhyphen, die durch Temperaturerhöhung und Umsetzen in sauberes Wasser bekämpft werden können. In besonders hartnäckigen Fällen kann man mit Vorsicht (!) folgende Kurzbäder anwenden: Kochsalz (20-30g/l, maximal 30 min.), Formalin (100-250 mg 37%iges klares, keinesfalls flockiges Formaldehyd/l, 1 h) beziehungsweise Kaliumpermanganat (1 g /100 l, 90 min). Nach REICHENBACH-KLINKE & KÖRTING (1993) sowie AMLACHER (1986).

Zu den häufigsten Krankheitserregern der Segelflosser gehören Geiseltierchen (Flagellata). Solche der Gattung *Hexamita* (Synonym: *Octomitus*) befallen gewöhnlich Darm und Gallenblase der Wirtsfische. *Protoopalina symphysodonis* soll nach AMLACHER (1986) vom Darm- zum Blutparasiten geworden sein und auch in stark durchbluteten Organen (Herz, Leber, Milz) schmarotzen. Der Befall mit Darmflagellaten läßt sich am weißlichen Kot erkennen, der als schleimiger Faden aus dem After hängt. Der geschädigte Verdauungstrakt ist nicht mehr in der Lage, genügend Nährstoffe, Vitamine und Mineralien aus dem Nahrungsbrei zu resorbieren, wodurch der Organismus genötigt ist, fehlende Nährstoffe für den Betriebsstoffwechsel aus der eigenen Körpersubstanz zu beziehen. Durch den Abbau von Knorpelgewebe in der Kopfregion soll es so zu der gefürchteten »Lochkrankheit« kommen, die nicht nur bei Diskusbuntbarschen und diversen Meeresfischen, sondern in gemildeter Form auch bei Segelflossern vorkommt (UNTERGASSER 1996). Sie führt bei ihnen jedoch seltener zum Tode. Beim Verfasser lebten Skalare mit relativ kleinen kraterartigen Löchern an Stirn und Kopfseiten, aus denen zeitweise wurmförmige weißliche Gebilde herausragten, länger als drei Jahre. Auf die Zusammenhänge zwischen Flagellatenbefall und Lochkrankheit hatte zuerst HERKNER (1969, 1970) hingewiesen. Nach REICHENBACH-KLINKE & KÖRTING (1993) ist die Lochkrankheit dagegen ein Indiz für den Befall mit dem Algenpilz *Ichthyosporidium hoferi*. Neben der medikamentösen Bekämpfung der Parasiten mit dem verschreibungspflichtigen Metronidazol (4-6 mg/l als Dauerbad für 3 Tage, bei Wiederholung nach 3-5 Tagen) sollten vor allem eine vollwertige vitaminreiche Nahrung geboten und die allgemeinen Lebensbedingungen mit dem Ziel der Stressminderung verbessert werden (LECHLEITER 2001). Allerdings gibt es bereits Flagellatenbestände, die gegenüber Metronidazol resistent sind (RAHN 1996a). Eine Behandlung ist eventuell auch mit Ozon möglich (SCHUBERT 1966). Wie GRAMATKE (1969) berichtet, und wie der Verfasser ebenfalls beobachtete, sind Segelflosser bei höheren Temperaturen ab 26 °C weniger anfällig gegenüber der Lochkrankheit als zu kühl gepflegte. Besonders in der Diskuszucht ist man seit einiger Zeit darum bemüht, flagellatenfreihe Bestände durch künstliche Aufzuchtverfahren aufzubauen (MENAUER 1996, RAHN 1996a). Da sich Segelflosser leichter künstlich aufziehen lassen als Diskusbuntbarsche, kann man sich selbst einen flagellatenfreien Bestand aufbauen. Solche wertvollen Tieren müssen in völlig flagellatenfreien Verhältnissen aufwachsen und künftig untergebracht werden. Sonst erfolgt im Nachhinein eine Infektion, und alle Mühe war vergeblich. Darüber hinaus bietet die Firma Bio-Media flagellatenfreie Skalare an (UNTERGASSER 1996).

Verschiedene parasitäre Würmer wurden bei *Pterophyllum* gefunden. GOLDSTEIN (1970) erwähnt den monogenenen Saugwurm *Gussevia spiralocirra*, der auf Haut und Kiemen lebt und mit Haftsaugnäpfen und Klammerhaken ausgerüstet ist. Seine Entwicklung erfolgt direkt, ohne Zwischenwirtstadium. Auch ein Vertreter der Gattung *Monocoelium* (Synonym: *Ancyrocephalus*) wurde bei Segelflossern gefunden. Dieser Saugwurm ähnelt im Aussehen und in der Lebensweise dem bekannten *Dactylogyrus*. Mit den vier Zentralhaken seines Haftapparates klammert er sich an die Haut und vor allem an die Kiemenblättchen seiner Wirte. Stärkeren Befall mit Kiemensaugwürmern erkennt man an erschwerter Atmung, verschleimten, manchmal auch blutenden Kiemen, an den bekannten Scheuerbewegungen und an plötzlichem Geradeausschießen, wodurch die Fische vergeblich versuchen, die Lästlinge loszuwerden. Wie

LECHLEITER (2001) betont, werden Fische in der Regel nach dem ersten Kiemenwurmbefall immun. Wenn erwachsene Individuen darunter leiden, sind sie durch schlechte Haltungsbedingungen geschwächt und daher besonders anfällig. Ektoparasitische Würmer bekämpft man mit Flubendazol, Kaliumpermanganat und Trichlorfon (REICHENBACH-KLINKE & KÖRTING 1993) oder mit halbstündigen Formalinkurzbädern (30 ml 33%iges Formalin auf 100 l Wasser) (AMLACHER 1986). Wirkungsvoller ist eine neuntägige Formalin-Kur (8-10 ml 33%iges Formalin auf 100 l Wasser). Die Lösung wird am 1., 5. und 9. Tag, also mit dreitägigen Unterbrechungen, um zwischenzeitlich geschlüpfte Wurmlarven ebenfalls abzutöten, neu angesetzt. Das 28°C warme und gut durchlüftete Aquarienwasser muß nach jeder Anwendung von 10 h Dauer vollständig gewechselt werden (RAHN 1996b). Außerdem gibt es im Fachhandel geeignete Mittel, mit denen sich eine Befallsreduzierung mit nachfolgender Immunität der Fische im Rahmen von Dauerbädern erzielen lassen soll (LECHLEITER 2001).

Andere Saugwürmer wechseln während ihrer Entwicklung die Wirte (z.B. Kleinkrebs – Wasserschnecke – Fisch – fischfressender Vogel). SCHÄPERCLAUS et al. (1979) wies derartige Entwicklungsstadien (Metacercarien) des endoparasitischen Saugwurmes *Proalaria spathaceum* in Segelflossern nach. Sie befallen hauptsächlich die Augen. Auch der Verfasser beobachtete – nach häufigem Verfüttern von *Cyclops* – diese Erkrankung bei *Pterophyllum* (Iris und Linse waren in unterschiedlich starkem Umfange zerstört, die vordere Augenkammer durch Flüssigkeitsansammlungen etwas vorgewölbt). Zunächst machten sich keine wesentlichen Beeinträchtigungen bemerkbar, mit zunehmender Erblindung konnten die befallenen Fische jedoch nicht mehr genügend Futtertiere erjagen und gingen so geschwächt ein.

Der Fadenwurm *Capillaria pterophylli* erhielt von HEINZE wegen seines häufigen Vorkommens im Darm von Segelflossern seinen Artnamen. Man erkennt den *Capillaria*-Befall an trübhellen Schleimsträngen zwischen den Exkrementbestandteilen des Segelflosserkotes, also an ähnlichen Symptomen, wie beim Befall mit Darmflagellaten. Gelegentlich hängen die tubifexähnlichen, 10-20 mm langen Fadenwürmer aus dem After heraus und sind so einfach zu diagnostizieren. Eine medikamentöse Bekämpfung der Krankheit soll durch Trockenfutter möglich sein, das vor der Verfütterung in Parachlorometaxylenol eingeweicht wurde (AMLACHER 1986) oder durch ein einwöchentliches Langzeitbad mit Flubentazol (1 mg/l) (REICHENBACH-KLINKE & KÖRTING 1993). Der Befall läßt sich aber auch durch eine allgemeine Stärkung der Abwehrkräfte der Fische im Rahmen optimaler Haltungsbedingungen eingrenzen.

Abb. 36: Schwanzloses Exemplar, eine nicht seltene Missbildung. Foto: R. ZUKAL.

Von den fischparasitierenden Krebsen verdienen in diesem Rahmen die Karpfenläuse der Gattung *Argulus* Beachtung. Sie veranlassen Segelflosser durch ihre Belästigungen zum Einnehmen putzauffordernder Signalstellungen. Dadurch werden Artgenossen aufgefordert, die Peiniger mit dem Maul abzusammeln (KOLLATSCH 1965).

Nichtparasitäre Erkrankungen können verschiedenartige Ursachen haben: Sauerstoffmangel führt zu Atemnot und Ersticken, Sauerstoffüberangebot zu Gasblasenentwicklung im Blut, extreme pH-Wertveränderungen können Hautverätzungen verursachen (Säure- und Laugenkrankheit). Vergiftungen entstehen durch Anreicherung von Stickstoffverbindungen im Wasser, durch Chlor, Phenol, DDT, Metallverbindungen und andere Substanzen. RAHN (2001b) warnt vor Kupferverbindungen, die durch das Leitungswasser ins Aquarium gelangen. Merkliche Temperaturabweichungen vom Optimum, vor allem plötzliche Schwankungen und zu niedrige Temperaturen, führen bei Segelflossern zu Temperaturschocks und eventuell zu ernsteren Folgen.

Durch einseitige falsche Ernährung entstehen Stoffwechselstörungen wie z.B. Eingeweideverfettung, Mangelerkrankungen, vor allem Avitaminosen, Magen- und Darmentzündungen und unter Umständen sogar Knochendegenerationen. RAHN (2001c) weist auf Gefahren hin, die durch Verfüttern von Granulaten entstehen können, wenn diese vor der Aufnahme durch den Fisch nicht genug Zeit zum Quellen hatten. Der Verfasser beobachtete einmal nach reichlicher Verfütterung von weißen Mückenlarven bei den beiden besten Fressern in einer Segelflossergruppe einen Enddarmvorfall von 5 bzw. 15 mm. Der ausgestülpte Darmabschnitt war rötlich entzündet, aber nach etwa 10 Stunden wieder zurückgetreten. Auch in diesen Fällen zeigt sich, dass Fehler in der Haltung und Pflege der Segelflosser oft zu unmittelbaren Ursachen von Erkrankungen werden können.

Ältere Weibchen, die nicht mehr regelmäßig ablaichen, können an der sogenannten »Laichverhärtung« eingehen. Sie fressen nicht mehr, stehen apathisch an der Wasseroberfläche und magern ab. An den eingefallenen Flanken markieren sich die Ovarien als schwache Auswölbungen. Durch Bedingungen, die die Laichbereitschaft auch älterer Weibchen fördern, wie Wasserwechsel, Fütterung mit Lebendfutter, geeignete Partner usw. kann dieser, bei Fischen offenbar recht häufigen Alterserkrankung, vorgebeugt werden.

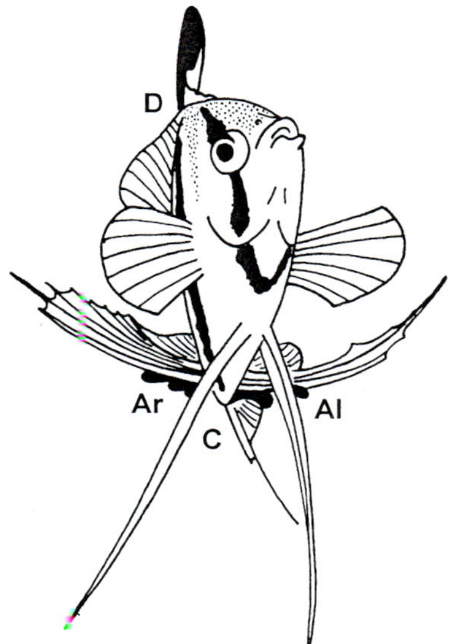

Abb. 37: Frontalansicht eines Segelflossers mit doppelter Analis, die beiderseitig annähernd waagerecht vom Körper absteht. Ar und Al rechter und linker Flügel der Analis; C Caudalis; D Dorsalis. Grafik: nach einem Foto von ARNOLD.

Erbbedingte Schäden drücken sich in verschiedener Weise aus, z. B. in Schwimmblasenschwäche, Skelettmissbildungen (Rachitis), Pigment- und Flossenmangel bzw. Flossendeformationen und anderem (Abb. 36). So beschrieb ARNOLD (1958) einen Segelflosser mit zwei vollkommen ausgebildeten Afterflossen, die rechts und links im Winkel von 90°, also waagerecht in einer Ebene standen und dem Fisch das Aussehen eines »Gleitfliegers« gegeben haben (Abb. 37). Andere Flossenanomalien werden von LUCKY (1968) dargestellt.

Abb. 38: Siamesischer Zwilling bei *Pterophyllum scalare*. Foto: H. ESCHKE.

Abb. 39: Erhebliche Größenunterschiede zwischen gleichaltrigen Jungtieren können krankheitsbedingt sein. Foto: R. ZUKAL.

Furchungsstörungen führen nach AMLACHER (1986) zu den auch bei *Pterophyllum* bekanntgewordenen »siamesischen Zwillingen«, bei denen meist ein Partner mehr oder weniger zurückgebildet und zu einem Anhang seines Zwillingsgeschwisters geworden ist. ESCHKE (1967) entdeckte einen jungen Schleierskalar mit einer »bohnengroßen Geschwulst an der Bauchseite«, die sich bei näherem Hinsehen als ein unvollständig entwickeltes Geschwistertier entpuppte. Er berichtete darüber wie folgt: »Obwohl die Geschwulst kein Maul und keine Augen aufweist, ist sie eindeutig als Fisch erkennbar, durch die vollzählig vorhandene Beflossung. Offenbar sind die Bauchseiten der beiden Tiere miteinander verwachsen, so dass die Afterflossen an der Basis zusammenfallen. Die ausgezogene Spitze der Anale steht immerhin noch 3 cm frei abgegabelt. Die Caudale ist vollständig entwickelt, nur beträchtlich kleiner als die des Trägertieres. Von der Dorsale sind einwandfrei lediglich die ersten ausgezogenen Strahlen erkennbar. Die Ansatzstellen der Ventralen beider Tiere liegen nahe beieinander und weisen fast in die gleiche Richtung, also nach unten hinten. Die Pectoralen sind stark nach unten gerichtet und verkrümmt, so dass sie sich unter dem Körper mit den Spitzen berühren. Alle Flossen können unabhängig voneinander bewegt werden. Am aktivsten sind die Brustflossen. Ständig sind diese in Bewegung, schlagen jedoch nicht im gleichen Rhythmus. Man gewinnt den Eindruck, dass die Flossenbewegungen von einem unabhängigen Nervensystem gesteuert werden. Dadurch entsteht eine ruckartige Schwimmweise des Doppeltieres. Obwohl beide Paare der Brustflossen genau übereinanderstehen, liegen die Körperachsen nicht parallel. Der unterentwickelte Körper weist nach vorn rechts. Die beiden Körperachsen schließen einen Winkel von etwa 40° ein. Rechts vorn, fast an der Verwachsungsstelle, befindet sich eine breite Einkerbung. Welches Organ hier in der Anlage erscheint, kann ich nicht ohne weiteres sagen ... Das Doppeltier (schwimmt) munter in meinem Becken umher, frißt und zeigt auch sonst kein anormales Verhalten« (Abb. 38).

In diesem Fall wurde das Nebentier vom Haupttier ernährt, da die notwendigen Voraussetzungen für eine selbständige Nahrungsaufnahme nicht gegeben waren.

Auch züchterische Experimente zur Erzielung besonderer Zuchtformen, können Erbschäden, wie fehlerhafte Organausbildung, Vitalitätsminderung, Zwergwuchs, Farbmangel, Fortpflanzungsschwäche und anderes mehr hervorrufen.

Schließlich treten auch bei Fischen verschiedenartige Geschwülste harmloser und bösartiger Natur auf.

6.6 Domestikationsprobleme

6.6.1 Allgemeine Domestikationsfolgen

Alle Wildtiere, die der Mensch aus materiellen oder ideellen Gründen zu sich nimmt, unterliegen nicht mehr dem Ausleseprozeß in ihrer natürlichen Umwelt, sondern seiner willkürlichen Zuchtwahl. Sie werden domestiziert und entwickeln typische Haustiereigenschaften.

Solche allgemeinen Domestikationsmerkmale sind unter anderem in der gesteigerten Fruchtbarkeit bei gleichzeitig nachlassender Brutpflegeintensität zu sehen, wobei die natürliche Fortpflanzungsrhythmik oft aufgehoben wird. Gewöhnlich nimmt die Formenmannigfaltigkeit der Haustiere gegenüber ihren wilden Stammformen erheblich zu.

Wir beobachten abweichende Körperpigmentierungen, wie Albinismus, Leucismus, Melanismus, Mehrfarbigkeit und Scheckung, speziell morphologische Veränderungen, wie z. B. eine Verringerung des Sexualdimorphismus, das Auftreten von Riesen und Zwergen und bei Fischen Schuppenverlust, schleierartige Flossenvergrößerungen und anderes mehr.

Manche dieser Erscheinungen entstehen mutativ auch in Wildpopulationen, werden aber wegen ihres meist negativen Selektionswertes immer wieder ausgemerzt. Dagegen fördert der Züchter neben positiven Eigenschaften auch diese Minusvarianten, so dass sie sich nach mehreren Generationen reinerbig weitervermehren und als Zuchtformen von anderen Artgenossen abgrenzen lassen. So werden Haustiere ihren wilden Vorfahren immer unähnlicher.

Das gilt nicht nur für die klassischen Haustiere Schaf, Rind, Schwein und Hund, sondern ebenso für viele Zierfische, sofern sie lange genug dem züchterischen Einfluß des Menschen unterliegen. Das gilt somit auch für *Pterophyllum scalare*.

Auch er weist nach über neun Jahrzehnten züchterischer Beeinflussung eine ganze Reihe von Domestikationsmerkmalen auf. Im Gegensatz zu den wilden Segelflossern, deren Laichperioden im tropischen Südamerika mit dem Beginn der Regenzeiten zusammenfallen sollen, halten die domestizierten Aquarien-Skalare an ihrem natürlichen Fortpflanzungsrhythmus nicht mehr fest. Die ökologischen Faktoren, von denen die Fortpflanzungswilligkeit der Fische weitgehend abhängt, lassen sich unter Gefangenschaftsbedingungen wesentlich kontinuierlicher auf optimaler Höhe halten, als das unter natürlichen Bedingungen der Fall ist. Durch geeignete Wasserverhältnisse, Fütterung, Temperaturen, Beleuchtungszeiten und vor allem auch durch die regelmäßige Fortnahme des Geleges, läßt sich die unter natürlichen Bedingungen begrenzte Laichperiode der Fische wesentlich verlängern. Das läuft de facto auf eine Steigerung der Fruchtbarkeit hinaus. Weitaus interessanter als domestikationsbedingte Abweichungen des Fortpflanzungsverhaltens sind für die meisten Aquarianer jedoch solche, die den äußeren Habitus der Fische betreffen.

6.6.2 Zuchtformen

Die Formenmannigfaltigkeit der Aquarien-Skalare hat in den letzten Jahrzehnten erheblich zugenommen (ANONYMUS 1987, HERMANN 1990, LINKE 2000, STAECK 2001a, 2002b). Sie findet in vielen Zuchtrassen ihren Ausdruck. Von einigen Arten der lebendgebärenden Zahnkarpfen, Labyrinthfische, den Goldfischen und den Diskusbuntbarschen abgesehen, gibt es keine Zierfische, die eine vergleichbare Variabilität aufweisen. Wie kommt das?

Schauen wir uns die Aquarienfische an, von denen es mehrere Zuchtformen gibt, so stellen wir fest, dass es sich ausnahmslos um leicht züchtbare und beliebte Arten mit einer weltweiten aquaristischen Verbreitung handelt. Die Nachfrage nach ihnen ist überall groß, und deshalb werden sie in Berufszüchtereien und von Privatzüchtern in riesigen Mengen »produziert«. Bei dieser Massenvermehrung erhöht sich die Chance, unter vielen zehntausend Jungfischen zufällig einmal ein Exemplar zu finden, das durch eine mutative Veränderung seiner Färbung oder Gestalt Ausgangspunkt für ein neues Zuchtziel sein könnte. Auch wurde dem Zufall durch die Anwendung mutationsfördernder Substanzen nachgeholfen.

Derartige Mutationen treten ungerichtet und rein zufällig in den Kernen von Körper- und Geschlechtszellen auf. Sie verändern hier das Molekulargefüge der Gene, also jener Kernbestandteile, die bei Teilungsvorgängen die chemisch verschlüsselte genetische Information für die Ausprägung bestimmter Eigenschaften von der Mutterzelle auf die Tochterzelle weitergeben. Besonders bedeutungsvoll sind jene Mutationen, die in der Kernsubstanz von Geschlechtszellen stattfinden, weil dadurch Merkmalsveränderungen auf die Nachkommen übertragen und somit erblich werden können. Die meisten Mutationen haben jedoch, wie gesagt, einen negativen und oft sogar tödlichen Effekt, denn sie zerstören das optimale genetische Gleichgewicht des Wildtyps, welches im Verlauf eines langen selektiven Umwelteinflusses entstanden ist. Trotzdem stellten mutative Veränderungen in mehreren nachweisbaren Fällen das Rohmaterial für neue Segelflosserzuchtformen dar.

Manche Zuchtformen lassen sich auf jeweils ein Einzeltier zurückführen, bei dem sich die vom Wildtyp abweichenden Merkmale als zufällige mutative Veränderungen gezeigt haben. Von solchen Ausgangspositionen aus war es möglich, mit Hilfe bestimmter Zuchtmethoden erbfeste Zuchtrassen aufzubauen. Dazu gehören die strenge Auslesezucht (Selektion) beziehungsweise Linienzucht und Rückkreuzung (Verpaarung von Geschwistern untereinander sowie Verpaarung eines Nachkommens mit einem Elternteil). Auf diese Weise kann man Fische züchten, die sich deutlich vom Wildtyp unterschieden und somit Zuchtformen darstellen. Schließlich ist es durch Kreuzung von bereits etablierten Zuchtformen möglich, neue Varianten zu erzielen. Zahlreiche bekannte Zuchtformen, wie zum Beispiel Marmor-Schleierskalare oder Zebra-Schleierskalare sind aus solchen Kreuzungszuchten hervorgegangen.

Als in der zweiten Hälfte der fünfziger Jahre zunächst die Schleierskalare und wenige Zeit später die Schwarzen und Rauchskalare auf dem Zierfischmarkt auftauchten, war die Nachfrage nach ihnen sehr groß. Sie wurden in den Angebotslisten des Fachhandels an bevorzugter Stelle geführt. Damals machten Wildformen als »Skalare einfach« nur noch einen bescheidenen Teil des Segelflosserangebotes aus. Inzwischen haben sich das Angebot und die Wertschätzung von Wildformen erfreulicherweise spürbar verbessert (KRESTIN 1994b, ROTHE 2000, STAECK 2001b, 2002b).

Anfänglich gab es neben vorurteilsfreiem Interesse auch eine lebhafte Kritik, die namentlich von den Schleierskalaren bei manchen Aquarianern ausgelöst wurde. Man befürchtete, dass die ausgewogene Schönheit des »Königs der Zierfische«, wie man den Skalar vor dem »Diskus-Boom« nannte, durch die neuen Varianten beeinträchtigt und die Wildformen zugunsten der Zuchtformen in den Hintergrund gedrängt würden. Die extrem langflossige Variante des Schleierskalars ist sicher auch unter dem Gesichtspunkt sogenannter »Qualzuchten« abzulehnen, weil sie wegen ihrer Behinderungen dem Tierschutz widerspricht. Züchterischer Ehrgeiz, oft gepaart mit kommerziellen Interessen, setzt sich jedoch häufig über solche Bedenken hinweg und bringt immer neue Versionen des Segelflossers hervor.

Im Folgenden gebe ich eine Übersicht über die wichtigsten Zuchtrichtungen. Sie werden mit ihren gebräuchlichen deutschsprachigen Namen benannt. Da viele von ihnen zuerst in den USA entstanden sind, und da in der internationalen Literatur die englischen Bezeichnungen bevorzugt werden, folgen (soweit bekannt) die englischen hinter den deutschen in Klammern. Alle Zuchtrichtungen gehen von der Art *Pterophyllum scalare* (SCHULTZE in LICHTENSTEIN, 1823) (sensu lato) aus und dürfen daher keinen anderen wissenschaftlichen Namen tragen. In der Gruppierung der Zuchtrichtungen folge ich weitgehend STAECK (2002b).

Abb. 40: Schleierskalar, extrem langflossige Variante. Foto: H.-J. PAEPKE.

Abb. 41: Schleierskalar, langflossige Variante. Foto: H.-J. PAEPKE.

Zuchtformen mit veränderten Flossen: Der Schleierskalar (Veilteil Angel). Diese bemerkenswerte Variante entstand 1956 als wahrscheinlich spontane Mutation in einer Zucht gewöhnlicher »*eimekei*-Skalare« von CARL BUSCHENDORF in Gera. Ein schleierflossiges Jungtier entwickelte sich zum Männchen, das mit einer normalgestalteten Schwester verpaart, den Ausgangspunkt für einen über zahlreiche Generationen immer mehr gefestigten schleierflossigen Stamm bildete (BUSCHENDORF 1957).

Nach STERBA (1959a), der die morphologischen Besonderheiten des Schleierskalars wissenschaftlich beschrieben und ihre genetischen Ursachen diskutiert hat, tritt der Schleiereffekt nur an den weichstrahligen Flossenteilen auf. Die hartstrahligen Teile sowie alle anderen Körperproportionen gleichen denen der Ausgangsform (Abb. 40, 41).

Die Flossenhypertrophie äußert sich beim Schleierskalar in zwei genetisch fixierten Ausprägungsformen. Sie sind deutlich unterscheidbar und nicht durch Übergänge miteinander verbunden. Von der Stammform (++) gibt es eine langflossige (+Gf) und eine extrem langflossige Variante (GfGf).

Während bei der Stammform nur zwei äußere Schwanzflossenhalbstrahlen fadenförmig über die Membrangrenze hinausragen, sind bei den +Gf-Tieren frühzeitig alle Marginal- und die Zentralstrahlen verlängert. Später folgen allen anderen Schwanzflossenstrahlen diesem Trend. Bei den GfGf-Tieren wachsen alle Schwanzflossenstrahlen gleichzeitig über die Membrangrenze hinaus. Außerdem nimmt die eigentliche Schwanzflossenlänge (ohne Fadenfortsätze) ebenfalls zu. Nach eigenen Untersuchungen beträgt sie bei den +Gf-Tieren etwa 50 % der Körperlänge, bei den GfGf-Tieren sogar 100 und mehr %, bei der Stammform dagegen nur etwa 20 %.

Ähnlich ist es mit der segelartigen Rückenflosse. Die konvexe Ausbuchtung ihres hinteren weichstrahligen Teiles ist bei den +Gf-Tieren nur mäßig vergrößert, ohne die Schwimmweise der Fische merklich zu beeinträchtigen.

Bei den extrem langflossigen GfGf-Tieren ist dagegen diese für die Fortbewegung der Segelflosser so wichtige Flossenfläche so stark vergrößert, dass das Verhältnis Körpergröße – Bewegungsfläche – Wasserwiderstand nicht mehr übereinstimmt und daher keine harmonische Schwimmweise möglich ist. Solche Tiere können sich nur noch unschön wackelnd durch das Wasser bewegen, zumal ja auch alle anderen Flossen eine spürbare Vergrößerung erfahren.

Mutanten mit derartigen Behinderungen haben in der freien Wildbahn keine Überlebenschance; auch sollte man annehmen, dass sie der Stammform im Aquarium bei innerartlichen Auseinandersetzungen unterlegen sind. Das trifft aber keinesfalls immer zu. Ich hatte ein GfGf-Tier, das trotz seiner Körperbehinderung sehr energisch die Alphaposition in einer siebenköpfigen Segelflossergruppe behauptete, in der außer ihm nur normalflossige Skalare vertreten waren. Hier kam unterstützend hinzu, dass die anderen Artgenossen einige Jahre älter als der Raufbold waren.

Die Tendenz zur Flossenvergrößerung zeigt sich bei jungen Schleierskalaren bereits im Alter von knapp 3 Wochen. Ihre allgemeine Wachstumsgeschwindigkeit ist etwas geringer als die der Stammform. Das macht sich besonders bei der extrem langflossigen Variante bemerkbar.

Als Ursache für die auffällige Flossenvergrößerung wird eine Genmutation angenommen. Nach STERBA sprechen vor allem die Vererbbarkeit und das spontane Auftreten des neuen Merkmals sowie die klaren Spaltungsverhältnisse dafür:

++ x Gf = 50 ++ :50 +Gf%

+Gf x +Gf = 25 ++ :50 +Gf :25 GfGf%.

Das mutierte Allel soll sich gegenüber dem Ursprungsgen unvollständig dominat verhalten und die Vererbung des neuen Merkmals soll weitgehend intermediär erfolgen. Die sehr einheitliche Ausprägung des Allels in Homo- und Heterozygoten sowie andere Tatbestände deuten auf eine sehr entwicklungsstabile Mutation hin.

Wie STERBA vermutet, ist die Hauptwirkung der Mutation nicht direkt auf die Flossenvergrößerung selbst gerichtet, sondern in erster Linie auf das innersekretorische System der Fische. Die Verlängerung der Weichstrahlen und der von ihnen gestützten Membranen ist demnach lediglich eine äußerlich sichtbare Nebenwirkung dieser Erbänderung. Dafür sprechen die Beschränkung der Hypertrophie auf die Weichstrahlen, die zeitlich einheitlich ablaufende Wirkung in allen Flossen und ihr nach wie vor normaler Wachstumsrhythmus.

Seit dem Auftreten der ersten Schleierskalare sind inzwischen mehrere Jahrzehnte vergangen, in denen man diese etablierte Zuchtform mit anderen neuentstandenen Segelflosservarietäten gekreuzt hat. 1959 berichtet PARKER über die großen Schwierigkeiten bei der Kreuzung Schleierskalare x Rauchskalare. Er und seine Frau erzielten bei der ersten erfolgreichen Zucht 16 Nachwuchstiere, darunter

3 Schwarze Schleierskalare, 1 Schwarzer Skalar, 6 Rauchschleierskalare, 2 Rauchskalare, 3 Schleierskalare und 1 normaler Wildtyp.

Später kamen Marmorschleierskalare und Errötende Schleierskalare zunächst in den USA auf den Markt (VORDERWINKLER 1963b).

Melanistische Zuchtformen: Schwarzer Skalar (Abb. 42), Rauchskalar (Abb. 43) (Black Angel, Black Lace Angel). Während der Schleierskalar zufällig entstanden ist, handelt es sich beim Schwarzen und beim Rauchskalar wahrscheinlich um eine durch Radiumstrahlen induzierte Mutante (Radium und andere mutationsauslösende Agentien werden in der Tier- und Pflanzenzucht angewandt, um die Mutationsrate und damit die Häufigkeit variabilitätsfördernder Merkmalsveränderungen zu steigern).

So hängte der Amerikaner PROEWIG (1968) kurz nach 1945 sechs Radiumnadeln in das Kampffischzuchtbecken seines Bekannten CLAES und beobachtete danach nicht nur bei der Kampffischbrut, sondern auch bei den Nachkommen eines im Nachbarbecken züchtenden Segelflosserpaares einzelne Schwärzlinge. CLAES verfolgte wahrscheinlich die schwarze Mutante weiter und schuf so den Black Angel der Amerikaner, der in Europa erstmalig im Januar 1957 als Schwarzer Skalar von der Firma Tropikarium, Frankfurt/M. angeboten wurde.

Nach einer anderen Darstellung von PARKER (1959) sollen Rauchskalare zuerst bei der Firma H. Woolf und Sohn in Florida (USA) entstanden und von PARKER selbst züchterisch weiterverarbeitet worden sein.

Rauchskalare und vor allem Schwarze Skalare haben einen wesentlich höheren Anteil Melaninpigmente im Hautgewebe und sind etwas schlanker als die Stammform. Diese Überproduktion dunkler Farbzellen scheint nach HORN (1967) nur von einem Genpaar bestimmt zu werden und folgt dem intermediären Vererbungsschema. Reinerbige (homozygote) Tiere sind fast schwarz gefärbt, spalterbige (heterozygote) Tiere dagegen grau in verschiedenen Intensitätsgraden, mit und ohne Vertikalstreifen.

Abb. 42: Schwarzer Skalar. Foto: M. CHVOIKA.

Der Erbfaktor für Körperverdunklung ist mit einer Vitalitätsminderung gekoppelt, die sich vor allem beim Schwarzen Skalar auswirkt und einer erfolgreichen Weiterzucht mit diesen Fischen, wenn sie unter sich verpaart werden, entgegensteht. Eine erfolgreiche Verpaarung Schwarzer Skalar x Rauchskalar soll, wie mir G. SCHMIDT, Potsdam, versicherte, jedoch möglich sein.

GOLDSTEIN (1970) weist darauf hin, dass die Anfälligkeit der dunklen Segelflossermutante in einem Phenylalaninmangel begründet sein könnte. Dieser Proteinbestandteil wird in erhöhtem Maß für die verstärkte Melaninausbildung benötigt und stände daher nicht mehr in ausreichender Menge für andere wichtige Funktionen zur Verfügung. Der Autor regte an, junge Schwarze und Rauchskalare mit einem besonders proteinhaltigem Futter aufzuziehen.

Die Zucht von Rauchskalaren erfordert etwas mehr Geduld und Aufmerksamkeit und ist auch nicht so produktiv wie die der Stammform. Um möglichst dunkle Nachkommen zu erzielen, sollten die Eltern selbst eine möglichst dunkle Grundfärbung aufweisen.

Mit einem wildfarbenen Segelflosser verpaart, ergibt die Nachzucht etwa 50 % Rauchskalare und 50 % wildfarbene. Die Paarung Rauchskalar x Rauchskalar müßte theoretisch 25 % wildfarbene, 25 % Schwarze Skalare und 50 % Rauchskalare ergeben. BUSCHENDORF (1961) erhielt aus 16 Zuchten von 3 verschiedenen Paaren folgende angenäherten Werte: 1 618 wildfarbene Skalare = 28 %, 3 143 Rauchskalare = 54 % und 1 084 Schwarze Skalare = 18 % Er führt das Zurückbleiben der Schwarzen Skalare gegenüber den zu erwartenden 25 % auf das frühe Absterben zahlreicher schwarzer Jungtiere zurück, die deshalb von der Auszählung nicht mehr erfaßt werden konnten.

Von den schwarzen Segelflossern leiten sich einige andere Zuchtrichtungen ab. Nach GOLDSTEIN (1970) versuchte man in den USA auch den Grünanteil in der Färbung mancher schwarzen Stämme zu nutzen, um einen grünen Segelflosser zu züchten.

KOCHETOV (2002), der Leiter des Aquariums im Moskauer Zoopark, berichtete kürzlich über den Goblin-Skalar. Hierbei handelt es sich um einem Schwarzen Skalar mit »herzförmigem« Körper. Der extrem verkürzte Rumpf deutet auf eine Lordose (Wirbelsäulenverkrümmung) hin, wodurch die bei Skalaren stark eingeengte Leibeshöhle zusätzlich komprimiert wird. Dieses Zerrbild eines Segelflossers erfüllt den Tatbestand der Qualzucht und sollte meiner Meinung nach nicht weiter vermehrt werden.

Abb. 43: Rauchskalar (links) betreut mit wildfarbenem Partner ein Gelege. Foto: R. ZUKAL.

Abb. 44: Marmorskalar. Foto: R. ZUKAL.

Abb. 45: Schwarzweiß-Skalare. Foto: M. HERMANN.

Halbschwarzer Skalar oder Schwarzweiß-Skalar (Abb. 45). Diese Zuchtform wurde gemeinsam mit dem Marmorskalar erstmalig im Dezember 1969 im Berliner Aquarium gezeigt und 1970 den Lesern von »Aquarien und Terrarien« im Bild vorgestellt. Die Färbung und Zeichnung gleichen der der Wildform; die hintere Körperhälfte ist jedoch einschließlich der Schwanzflosse und der hinteren Rücken- und Afterflosse völlig schwarz gefärbt. Während diese Variante erfolgreich etabliert werden konnte, ist die nachfolgende dagegen weitgehend unbekannt geblieben:

Nach VORDERWINKLER (1966) soll diese in der oberen Körperhälte schwarze Variante bei dem Züchter H. H. WINGATE in der Firma Laceland Tropical Fish Hatscheries (USA) entstanden sein. STALLKNECHT (1966) beschrieb sie wie folgt: »Etwa einen Augendurchmesser über der Maulspitze beginnt eine die gesamte obere Hälfte des kreisförmigen Körpers überziehende schwarze Färbung, die sich in die untere Hälfte entlang der üblichen Streifenzeichnung fortsetzt. Eine solche Fortsetzung geht auch in die Rückenflosse über. Ebenso ist die Kehle zwischen den Kiemendeckeln und dem Ansatz der Bauchflossen schwarz. Während die untere Körperhälfte, die Bauchflossen sowie die Afterflosse silberweiß bis bläulich getönt sind, ist der Kopf zwischen Maul und Auge gelbbraun. Diese Farbe tritt auch in der Rückenflosse und schwächer auch im mittleren Teil der Afterflosse auf.« Offenbar ist es nicht gelungen, diese Mutante zu stabilisieren.

Zuchtformen mit abweichender Zeichnung: Marmorskalar (Marbleized Angel). Diese inzwischen weit verbreitete Zuchtform konnte der kalifornische Züchter C. ASH (USA) um das Jahr 1968 fixieren, nachdem bereits 5 Jahre vorher B. GODDARD in Florida (USA) vergeblich versucht hatte, eine nahezu identisch marmorierte Mutante weiterzuzüchten (VORDERWINKLER 1963b).

Ausgangspunkt für den Marmorskalar (Abb. 44) war wiederum ein einzelnes marmoriertes Weibchen, das einer Brut gewöhnlicher Skalare entstammte und mit einem einfachen Männchen verpaart wurde. Von der F1-Generation wies kein Tier das neue Merkmal auf, aber die Rückkreuzung mit der marmorierten Mutter ergab drei weitere Marmorskalare. Mit ihnen gelang es, die neue Zuchtform in größerer Anzahl zu vermehren. Im Dezember 1969 wurden die Marmorskalare erstmalig im Berliner Aquarium gezeigt. Wenige Jahre später waren sie bereits weit verbreitet.

Diese Mutante gleicht mit ihrer silberhellen, an Kopf und Rücken gelblich bis rötlichbraunen Grundfarbe der Wildform, doch ist die Erbinformation für die Ausprägung der charakteristischen schwarzen Streifenzeichnung verändert worden. Statt der senkrechten schwarzen Binden sind in ebenfalls vorwiegend senkrechter Anordnung unregelmäßige Bänder und Flecken über den ganzen Rumpf sowie über die Schwanz-, Rücken- und Afterflosse verteilt. Sie verleihen dem Fisch das marmorartige Aussehen. Zur Zucht sollen nur Tiere mit einer möglichst hellen Grundfarbe und lockerer Marmorierung verwendet werden. Sind nur ganz wenige schwarze Flecken vorhanden, wird die Zuchtform als Scheckenskalar bezeichnet. Durch Kreuzungen entstandene Abweichungen sind der Marmor-Rotrückenskalar, der Marmor-Silberstreifenskalar und der schon erwähnte Marmor-Schleierskalar.

Der Weißband-Skalar ist ein relativ dunkler Marmorskalar mit einer deutlich abgesetzten silberweißen Querbinde. Der Schwarzband-Skalar stellt das Gegenteil dar: Rumpf und Flossen sind silberweiß beziehungsweise transparent. Eine einzelne schwarze Binde mit unregelmäßigen Rändern verläuft senkrecht über den Körper (KOCHETOV 2002).

Leopard-Skalar (Abb. 48). Ähnlich wie beim Marmorskalar ist an die Stelle des charakteristischen Streifenmusters der Wildform eine über den ganzen Körper verteilte Fleckung getreten. Nach Möglichkeit sollte die Leopardzeichnung aus möglichst kleinen rundlichen Flecken und Tüpfeln bestehen, was züchterisch offenbar bestimmte Schwierigkeiten bereitet. Das abgebildete Tier (Abb. 48) entspricht mit seinem groben, vertikal stark betonten Muster nicht dieser Idealvorstellung.

Abb. 46: Ein Paar Falb-Skalare, auch als Kreuzung California x Leopard bezeichnet. Foto: H.-J. PAEPKE.

Abb. 47: Zebraskalar, langflossige Variante. Foto: R. ZUKAL.

Abb. 48: Leopard-Skalar mit zu grober, wenig charakteristischer Zeichnung. Foto: H.-J. PAEPKE.

Falb-Skalar (Abb. 46). Diese Zuchtform erinnert an den Schwarzweiß-Skalar, was ihre allgemeine Verdunklung der hinteren Körperhälfte betrifft, aber auch an den Marmorskalar, wenn man die sehr unregelmäßige Ausprägung des schwarzen Zeichnungsmusters in Betracht zieht. ELIÁS & PODVENSKY (2002) bezeichnen sie jedoch als Mischlingszuchtform von California x Leopard. Alte Tiere können sehr schön werden, haben einen rötlichbraunen Rücken und kräftigt blaue Bauchflossen.

Zebra-Skalar (Abb. 47). Als wesentlichstes Merkmal dieser Zuchtform fällt eine zusätzliche schwarze Querbinde auf, die etwa in der Mitte zwischen der zweiten und dritten Hauptbinde angeordnet ist. An dieser Körperstelle trägt die Wildform lediglich eine schwach angedeutete hellgraue Binde, die zeitweise ganz verschwindet. Außerdem kann beim Zebra-Skalar die Schwanzbinde doppelt angelegt sein. Die Grundfarbe des Körpers entspricht der der Wildform. Bei manchen Zebra-Skalaren ist sie jedoch mit feinen dunklen Tupfen übersät, die auf den medianen Flossen mit der Flossenzeichnung verschmelzen.

Der Geister-Skalar (White Gost Angel) soll in den Gulf Fish Farms in Florida (USA) Ende der 60er Jahre entstanden sein (Abb. 51, 52). Zuchtziel war sicher das völlige Fehlen der schwarzen Vertikalbänderung des

Wildtyps. Allerdings weist der Rumpf in den meisten Fällen noch einige flecken- und punktförmige Reste auf, während die unpaaren Flossen normal gefärbt sind. Diese keineswegs attraktive Zuchtform leitet, was die Reduzierung der schwarzbraunen Pigmente betrifft, bereits zur nächsten Gruppierung über.

Im Gegensatz zu den überwiegend dunkel pigmentierten Mutanten, bei denen sich die sichtbare Merkmalsveränderung in einer Überproduktion des Farbstoffes Melanin äußert, gibt es **Farbmangelmutanten**. In diesen Fällen ist der normale Stoffwechsel durch den Ausfall eines Enzyms gestört, so dass ein für die Wildform charakteristisches Pigment nicht synthetisiert werden kann.

Oft fehlte das schwarzbraune Melanin, während die roten Pterine, die gelben Carotinoide und die meist silbrigen Guanine vorhanden sein können, weil sie anderen, genetisch unabhängig voneinander gesteuerten Biosynthesebewegungen folgen. Solche Fische sind dann vorwiegend rot oder gelb bis weißlich gefärbt. Das betrifft nicht nur die xanthoristischen Gelb- und Goldformen, sondern ebenso echte Albinos. Auch Albinos sind nicht völlig pigmentlos. Ihnen fehlen oft lediglich die Melanine, selbst in den Augen. Ihre Augen erscheinen daher wegen der durchschimmernden Blutgefäße des Augenhintergrundes rötlich.

Näheres über den erblichen Pigmentverlust bei Fischen findet man bei SCHRÖDER (1969).

Auch bei *Pterophyllum scalare* sind inzwischen mehrere Farbmangelmutanten bekannt geworden, von denen albinotische und xanthoristische Formen bisher das größte Interesse beansprucht haben. Die Vertreter beider Farbkategorien lassen sich nicht immer sauber voneinander trennen.

Albinotische Zuchtformen: Albinoskalar. Dieser seit etwa 1963 bekannten Variante fehlen nicht nur die Melanine sondern unter Umständen auch andere Farbstoffe, so dass sie rein weiß gefärbt ist (VORDERWINKLER 1963b). Totalalbinos haben rote Augen, bei Teilalbinos ist die Pupille dunkel gefärbt.

Blassroter Skalar (Pink Angel): Hierbei handelte es sich um einen echten Albino mit rötlichen Augen, der um 1960 in einer Zucht wildfarbener Segelflosser bei Bud Goddard in Lakeland, Florida (USA) entstanden war. Auf seinem silberweißen Körper hoben sich rötliche Markierungen ab, vor allem auf dem Rücken und auf der Rückenflosse. Das Tier war blind und für die Weiterzucht nicht geeignet (VORDERWINKLER 1963a).

Beim Perlmutt – oder Perlen-Skalar kommt zu dem Farbausfall noch eine Veränderung der Schuppenstruktur hinzu. Die Schuppen sind halbschalenförmig nach außen gewölbt, wodurch der Perleneffekt entsteht. Die Augen sind rot (STAECK 2001a, 2002b). Weitere Varianten sind der Gelbkopf-Perlenskalar und der Silberstreifen-Skalar (LINKE 2000).

Xanthoristische Zuchtformen: Roter Skalar. Im September 1960 wurde auf einer Aquarienausstellung der Fachgruppe Glaucha ein 12-15 cm hoher Segelflosser gezeigt, dessen silberweiße Grundfärbung einen rötlichen Anflug hatte. Seine Nackenpartie war braunrot, die Vertikalstreifen waren zart rötlich und die medianen Flossen »herrlich rot« gefärbt. Er hatte normalfarbene Augen und stammte als einziges Exemplar dieser Ausprägung von wildfarbenen Eltern ab. Die Weiterzucht misslang (GÜNNEL 1960). Inzwischen gibt es kräftig orangerot gefärbte Skalare, deren Weibchen sogar rote Eier legen. Durch Verfüttern von tiefgekühltem Truthahnherz, das mit Karottenextrakt angereichert wird, läßt sich die rote Farbe langfristig stabilisieren. Anderenfalls verblaßt sie nach wenigen Wochen wieder (ELIÁS & PODVENSKY 2002).

Goldener Skalar, Gelber Skalar (Naja's Golden Angel, Naja's Albino). 1970 berichtete AXELROD exklusiv über diese neue, inzwischen weit verbreitete und erfolgreiche Zuchtform. Er lüftete damit ein züchterisches Geheimnis, das das Ehepaar EMMA und CARL NAJA in Milwaukee (USA) fünf Jahre lang gehütet hatte (siehe auch SCHMITZ 1970).

Abb. 49: Goldener Skalar. Foto: H.-J. PAEPKE.

Auch Naja's entdeckten 1964 eine einzelne Farbmangelmutante unter den Jungfischen ihrer riesigen Segelflosserzucht, hielten das schwächliche Tier zunächst wegen seines graufleckigen Aussehens für krank und isolierten es. Nach einiger Zeit wandelte sich die graue Farbe des Fischchens innerhalb einer Woche in ein leuchtendes Goldgelb um.

Das von nun an mit besonderer Sorgfalt gepflegte Tier entwickelte sich zu einem Männchen. Es zeugte mit wildfarbenen Weibchen etwa 20 000 Jungtiere, bei denen sich das neue Farbmerkmal aber noch nicht phänotypisch manifestierte. Erst die Kreuzungen mit seinen Töchtern brachten unter 10 000 Jungfischen 6 Exemplare, die zwischen dem 6. und 9. Monat die Färbung ihres Vaters annahmen. Damit waren die ersten wesentlichen Schritte zur Stabilisierung der neuen Zuchtform getan.

Der Goldene Skalar (Abb. 49) zeigt eine silbriggold schimmernde Grundfärbung, die an Kopf, Rücken und Rückenflosse in einen kräftig goldgelben Farbton übergeht. Hier heben sich einzelne rostrote Makeln ab. Auf der Rücken- und Afterflosse sind perlmuttfarbene Tüpfel in mehreren Querreihen angeordnet. Die Bauchflossen schimmern porzellanweiß bis blau. Einigen Exemplaren fehlen nicht nur die schwarzen, sondern auch die gelben und roten Pigmente. Sie sehen am ganzen Körper weißlich aus.

Wie bei der schleierflossigen und schwarzen Mutante festgestellt, gibt es also auch bei der goldenen Form zwei unterschiedliche Varianten. Die eine hat Zeit ihres Lebens pigmentierte dunkle Augen (= Naja's Golden Angelfish). Bei der anderen färben sich die zunächst dunklen Augen nach etwa 6 Monaten rot um (= Naja's Albino). Die letztere Form wird von RICHTER auch als Gelber Skalar bezeichnet.

Eine genetische Analyse liegt von diesen Tieren noch nicht vor, doch kann man bei ihnen einen monofaktoriell rezessiven Erbgang vermuten. Besonders auffällig ist, dass sich diese goldgelbe Mutante erst im Verlauf der Jugendentwicklung allmählich phänotypisch manifestiert, wobei zwischen dem wildfarbenen Jugendkleid und dem goldenen bzw. gelblich bis weißen Alterskleid ein Zwischenkleid angelegt wird, bei dem größere dunkelgraue bis schwärzliche Flecken auftreten, die dann nach und nach wieder verschwinden.

Bemerkenswert ist, dass es sich hierbei offenbar um einen Entwicklungsmodus der Körperfärbung handelt, wie wir ihn in sehr ähnlicher Form vom altbekannten Goldfisch und seinen vielen Abkömmlingen seit langem kennen. Goldguppys tragen dagegen ihr xanthoristisches Farbkleid von Geburt an.

Der Goldene Skalar gehört inzwischen zu den beliebtesten Segelflosserzuchtformen und existiert auch bereits in einer langflossigen Variante.

Abb. 50: Laichendes Paar von Najas Albino-Stamm, der von RICHTER in der damaligen DDR unter der Bezeichnung Gelber Skalar eingebürgert wurde. Das noch nicht ausgefärbte Männchen im Vordergrund zeigt das charakteristische Zwischenkleid. Foto: H.-J. RICHTER.

Abb. 51: Geister-Skalar mit Rest der dritten Hauptbinde. Foto: H.-J. PAEPKE.

Abb. 52: Geister-Skalar, bei dem die schwarze Pigmentierung des Rumpfes weitgehend verschwunden ist. Foto: R. ZUKAL.

Tiere von Najas Albino-Stamm werden seit längerem in Singapur gezüchtet (AXELROD 1977). Von dieser Linie erhielt H.-J. RICHTER ein Paar. Er fertigte von ihm Bilddokumente über ihre farbliche Entwicklung an und berichtete darüber 1977 in mehreren Aufsätzen (Abb. 50).

Sein weibliches Tier war fast reinweiß ohne abschirmenden Silberglanz, so dass die blutroten Kiemen durch die Kiemendeckel leuchteten und bei besonderem Lichteinfall die Wirbelsäule erkennbar wurde. Es hatte rote Albinoaugen. Das Männchen realisierte seine goldgelbe Altersfärbung über ein Zwischenkleid, bei dem dunkle Pigmentierungen zeitweise auftraten. Die zunächst wildfarbenen Jungen begannen sich nach etwa 6 Monaten zunächst an Schnauze und Rückenflosse umzufärben, wurden jedoch leider alle im Verlauf der Zeit blind. Sie erlitten also das gleiche Schicksal wie zuvor GODDARDs Pink Angel.

Hier wirkte sich ein bei Farbmangelmutanten nicht seltener Letalfaktor aus, der möglicherweise durch Einkreuzen von wildfarbenen Artgenossen gemildert werden könnte.

In der jüngeren Vergangenheit ist es gelungen, den Rotfaktor insbesondere im Kopfbereich und auf dem Vorderrücken erheblich zu verstärken, woraus die Varianten Rotkopfskalar und Rotrückenskalar entstanden sind. Wie STAECK (2002b) berichtet, wurde Ende der 90er Jahre in der Zierfischzüchterei von RITA WILHELM in Kamsdorf damit begonnen, aus dem Rotkopfskalar einen Roten Skalar zu züchten, dessen gesamter

Körper im Idealfall kräftig orangerot gefärbt ist. Eine ähnliche Form ist der Kupferrote Skalar, der bis auf einen kupferfarbenen Glanz dem Rotkopfskalar ähnelt. Durch Kreuzungen mit anderen Zuchtformen scheinen der Halbschwarze Goldkopf, der Marmor-Goldkopf, der Marmor-Rotkopf und der Koiskalar entstanden zu sein.

»Grüne« und »Blaue« Skalare: Bei diesen Farbmangelmutanten ist die Jugendsterblichkeit hoch, was auf letale Stoffwechseldefekte hindeutet. Als weiteres Domestikationsmerkmal kann Zwergenwuchs hinzukommen.

Nach LADIGES (1949, 1957) trat erstmalig vor 1939 ein blauer Zwergskalar in einer Hamburger Züchterei auf. Diese Farbabweichung wurde mit Zwergenwuchs, extremer Flossenverkürzung und stark verminderter Fertilität gekoppelt vererbt. Die ersten sehr seltenen Exemplare erreichten nur eine Maximalhöhe von ±5 cm! Später gelang es, normalwüchsige blaue Segelflosser aufzuziehen, deren Verpaarung untereinander und mit wildfarbenen Tieren den Prozentsatz blauer Nachkommen spürbar anwachsen ließ. Wie JES (1969) berichtete, führte diese konsequente Auslesezucht neben der Stabilisierung des Faktors Blau gleichzeitig zu einer Zunahme der vitalitätsmindernden Eigenschaften. Die Anpassungsfähigkeit der Blauen Zwergskalare an die volle Breite des Umweltgefüges wurde immer geringer, sie wurden anfällig gegenüber Krankheiten, Störungen, Wasserwechsel usw., so dass die Zucht schließlich eingestellt werden mußte.

Mit einem anderen blauen Farbschlag soll das erwähnte Züchterpaar NAJA in Milwaukee (USA) experimentiert haben (SCHMITZ 1970). Nach LINKE (2000) sollen blaue Skalare auch aus Südostasien importiert werden.

Conles Errötender Skalar (Conles Blushing Angel). Diese Variante schien – nach den Fotos zu urteilen – ein weiterer Zwergskalar mit deutlicher Flossenverkürzung gewesen zu sein. Sie fand sich um 1964 in einem Stamm Geister-Skalare (White Gost stream) bei LESTER BOISVERT in Hartford, Connecticut (USA). Die Bezeichnung Conles ist eine Kombination der Vornamen von LESTER und seiner Frau CONSTANCE (VORDERWINKLER 1965).

Die Körperfarbe war ein transparentes, grünbläulich bis blauviolett schimmerndes Grau. Von der dunklen Körperzeichnung der Wildform waren nur noch die Augenbinde, die Schwanzbinde und Reste der dritten Hauptbinde auf Rücken- und Afterflosse vorhanden. Wie bei einigen anderen transparenten Fischen, z. B. bei *Changa ranga*, war das silberweiße Bauchfell (Peritoneum) sichtbar. Auch die Kiemendeckel waren farblos, so dass die roten Kiemen hindurchleuchteten und zu dem Adjektiv »blushing«, d. h. errötend, geführt haben.

Dieser Segelflosser ist wegen seines transparenten Aussehens sicher nicht ohne Reiz gewesen und dürfte auch dem Wunsch mancher Aquarienfreunde nach einer möglichst kleinbleibenden Zuchtform entsprochen haben. Andererseits stellte er im Verhältnis zur Wildform doch ein echtes Degenerat mit allen dazugehörenden Defekten und anderen Nachteilen dar. GOLDSTEIN sprach sich daher 1970 gegen die Weiterzucht dieses Zwerges aus.

Bei dem Grünen Peru-Skalar handelt es sich dem Aussehen nach um einen Zebraskalar mit bläulich-grün irisierender Grundfärbung. Sein Züchter STEFFEN ROTHE (1999, 2000, 2001) fand ein solches Paar in einer Sendung vermuteter Wildfangsegelflosser aus Peru und züchtete mit diesen neuen Fischen weiter. Nach ELSTER (2000) und STAECK (2002) sprechen jedoch die nur von Aquarienskalaren bekannte Zebrazeichnung und das Aufspalten der Nachkommen in fünf verschiedene Phänotypen, darunter melanistische und xanthoristische, gegen das Postulat Wildform. Auch bei den Nachkommen des Grünen Peru-Skalars ist eine erhöhte Mortalitätsrate zu beobachten, wie das bereits bei den zuvor beschriebenen bläulichen Varianten erwähnt wurde.

Wie bei anderen Wildformen, zum Beispiel bei Guppys, Platys, Schwertträgern, Gold- und Kampffischen, von denen im Verlauf ihrer Domestikation zahlreiche unterschiedliche Varianten gezüchtet worden sind, hatte man auch bei den Segelflossern versucht, durch verbindliche Standardregeln Ordnung in die zur Zeit herrschende Unübersichtlichkeit und Unverbindlichkeit zu bringen. Ein solcher Standard wurde (anonym) bereits 1987 in der Zeitschrift Aquarien Terrarien veröffentlicht. Autor war MANFRED HERMANN, der Leiter der Untergruppe Zuchtformen/Formenzucht der Zentralen Arbeitsgemeinschaft Cichliden im Kulturbund der damaligen DDR. Er berichtete 1990 über eine fast sechsjährige Arbeit der Untergruppe auf dem Gebiet der Farben- und Formenzucht von *Pterophyllum scalare*. Da sich die Farbenzüchter unter den Cichlidenfreunden inzwischen hauptsächlich auf Diskusbuntbarsche konzentrieren, die Segelflosserliebhaber dagegen wieder mehr auf Wildformen, wurde die Idee eines Standards für Segelflosserzuchtformen nicht weiterverfolgt. STAWIKOWSKI & WERNER (1998) haben das begrüßt. Dennoch bleibt dieser Standard ein wichtiger Schritt zur Fixierung von Zuchtzielen für die Farben- und Formenzucht, zumal im Fachhandel zahlreiche unscheinbare Mischlinge für teures Geld zu haben sind. Sie entsprechen weder der einzigartigen Schönheit der Wildformen noch zeigen sie markante Merkmale einer ausgereiften Zuchtform. Da solche Mischlinge auch nicht dem ernsthaften Wunsche entspringen, ihre neuen Merkmalskombinationen genetisch aufzuklären, erfüllen sie weder einen ästhetischen noch einen wissenschaftlichen, allenfalls einen kommerziellen Zweck. Und sie vergrößern die Unübersichtlichkeit der in unseren Aquarien vorhandenen Segelflosserbestände.

STAECK (2002b) betont in diesem Zusammenhang, dass die wieder häufiger gepflegten Aquarienpopulationen von Segelflosser-Wildformen unter bestimmten Voraussetzungen Genreservoire für frei lebende Fischbestände, deren Lebensräume durch Umweltzerstörung gefährdet sind, darstellen können. Auch unter dem Gesichtspunkt von Ausfuhrbeschränkungen oder -verboten gewinnt die Erhaltung von bereits vorhandenen Wildformen in reinen unvermischten Zuchtgruppen an Bedeutung.

Abb. 53: Häufig spaltet die Nachkommenschaft von »Aquarienskalaren« in unterschiedlich gezeichnete Phänotypen auf, die keine klare Zuordnung zu einer ausgereiften und reinerbigen Zuchtform ermöglichen. Foto: H.-J. PAEPKE.

7 Literaturverzeichnis

Abkürzungen oft zitierter Zeitschriften:

AM	Aquarien Magazin, Stuttgart
AT	Aquarien Terrarien, Leipzig/Jena/Berlin
DATZ	Die Aquarien- und Terrarien-Zeitschrift, Stuttgart
TFH	Tropical Fish Hobbyist, New Jersey
WAT	Wochenschrift für Aquarien- und Terrarienkunde, Braunschweig
BAT	Blätter für Aquarien- und Terrarienkunde, Stuttgart

ABEL, O. (1912): Grundzüge der Palaeobiologie der Wirbeltiere. Stuttgart;

AHL, E. (1928a): *Pterophyllum eimekei* E. AHL. - Das Aquarium 2(2), S.1-32;

dgl. (1928b): 13. Übersicht über die Fische der südamerikanischen Cichlidengattung *Pterophyllum*. - Zool. Anz. 76, S. 251-255;

ALONCLE, H. (1968): Catalogue des types de Poissons teléostéens en collection au Muséum de la Rochelle. - Bull. Mus. Nat. Hist. Nat. (Sér. 2), vol. 40, Nr. 4, S. 683-691;

AMLACHER, E. (1957): Stoffwechsel und Fütterung bei Zierfischen. - AT 4, S. 206-211;

dgl. (1958-59): Zierfischkrankheiten. - AT 5, S. 209-214, 239-245, 262-264, 292-296, 323-328, 349-353; AT 6, S. 20-23, 82-86, 117-120, 146-152;

dgl. (1967): Fischtuberkulose. - AT 14, S. 122-127;

dgl. (1986): Taschenbuch der Fischkrankheiten. 5. Aufl., Jena;

ANONYMUS (1958): Neuigkeiten auf dem Zierfischmarkt. - Aquarium. Z. f. Vivarienfr. 4, S. 137;

ANONYMUS (1973): Die Diskuskrankheit, *Octomitus* auch bei Scalaren. - DATZ 26, S. 71;

ANONYMUS (1987): *Pterophyllum scalare* - Standards. - AT 34(5), S. 159-166;

ARNOLD, J. P. (1911a): *Pterophyllum scalare* C. & V. - WAT 8, S. 165-166;

dgl. (1911b): *Pterophyllum scalare* C. & V. Der schönste Import des Jahres 1911. - WAT 8, S. 773-775;

dgl. (1914): Weiteres über *Pterophyllum scalare*. - WAT 11, S. 41-43;

dgl. (1926): Über eine Varietät von *Pterophyllum scalare*. - WAT 23, S. 225-227;

dgl. (1934): Alphabetisches Verzeichnis der bisher eingeführten fremdländischen Süßwasserfische. - Taschenkalender für Aquarien- u. Terrarienfreunde, S. 85-159;

dgl. (1937): Die Gattung *Pterophyllum* HECKEL. - WAT 34, S. 229-230;

dgl. (1938-39): Ergebnisse einer Sammelexpedition nach dem mittleren Amazonenstrome. - WAT 35, S. 533, 581, 613, 645; WAT 36, S. 36, 49, 161, 321, 357;

ARNOLD, K. (1958): Seltene Anomalie. - DATZ 11, S. 93-94;

ASH, C. A., & D. ASH (1969): The new marble Angel. - Aquarium N. J. 2 (3), S. 4-5, 39-42;

AXELROD, H. R. (1970): Naja's Angelfish. - TFH 18, S. 5-13;

dgl. (1976): The heavenly paradox. - TFH 24;

dgl. (1977): Zierfische aus Singapur. - AM 11, S. 108-112;

AZUMA, H. (1994): Spawning altum angels. - TFH 42 (10), S. 70-76;

BADE, E. (1923): Süßwasser-Aquarium. 4. Aufl. Berlin;

BASLEER, G. (1983): Bildatlas der Fischkrankheiten. Leipzig, Jena, Berlin;

BAUM, G. (1957): Eigenartiges Laichverhalten beim Segelflosser. - AT 4, S. 95;

BERG, L. S. (1958): System der rezenten und fossilen Fischartigen und Fische. Berlin;

BERGLEITER, S. (1991): Auf Tauchstation im Regenwald. - DATZ 44 (7), S. 454-459;

BERGMANN, H. H. (1968): Eine deskriptive Verhaltensanalyse des Segelflossers (*Pterophyllum scalare* Cuv. et. Val., Cichlidae, Pisces). - Z. Tierpsychol. 25, S. 559-587;

dgl. (1971): Untersuchungen zur Verhaltensentwicklung beim Segelflosser (*Pterophyllum scalare* Cuv. et Val., Cichlidae). - ebd. 29, S. 343-388;

BLANC, M. (1962): Catalogue des types de Poissons de la famille des Cichlidae en collection au Muséum national d'Histoire naturelle. - Bull. Mus. Natl. Hist. Nat. (Sér. 2) 34 (3), S. 202-227;

BLÜM, V. (1968a): Experiments to the control of hormone induced parental care in the Cichlid Fish *Pterophyllum scalare*. - Z. vergl. Physiol. 61, S. 21-33;

dgl. (1968b): Immunological determination of injected mammalian prolactin in Cichlid Fish. - Gen. comp. Endoc. 11, S. 595-602;

BÖHM, F. (1957): Wie ich *Pterophyllum scalare* fand! - AT 4, S. 133;

BRALL, S. (1994): Erfolg mit Skalaren. - bede-Verlag Ruhmannsfelden;

BREMER, H. (2001): Untersuchungen zur Ernährung von Diskus und Skalar im natürlichen Verbreitungsgebiet - Konsequenzen für die Fütterung im Aquarium. - Aquaristik Fachmagazin (Nr. 158) 33, S. 40-46;

BROSZAT, H. (1950): Gedanken und Vorschläge

zur Erhaltung und Verbesserung unserer Aquarienfische. - Vivarium-Jahrbuch, Berlin, S. 37-42;

BRÜNNING, C. (1916a): Notizen über *Pterophyllum scalare*. - WAT 13, S. 358;

dgl. (1916b): Die Flossenbildung bei *Pterophyllum scalare*. - WAT 13, S. 212;

dgl. (1923): Ein Beitrag zur Zucht von *Pterophyllum scalare*. - WAT 20, S. 193-194;

dgl. (1924): Riesenimport aus dem Amazonas. - WAT 21, S. 501-502;

BRUMANN, M. (1940): Zur Ichthyologie des Amazonenstromes. - WAT 37, S. 217-220;

BURGESS, W. E. (1976): The Rio Negro Angelfishes. - TFH 24, S. 93-98;

dgl. (1979) in BURGESS, W. E. & H. AXELROD: Freshwater Angelfishes. - TFH. publ. KW-048, Neptune City;

BUSCH, G. (1955): Über die Hafteinrichtungen unserer Jungfische. - Jb. Aquar. Terrar., S. 73-75;

BUSCHENDORF, C. (1957): Eine neue Zuchtform des Scalare. - DATZ 10, S. 200;

dgl. (1961): Zuchtformen von *Pterophyllum* und ihre Vererbung. - AT 8, S. 99-101;

CASTELNAU, F. (1855): Poissons. In: Animaux nouveaux ou rares recueillis pendant l´expédition dans les parties centrales de l'Amerique du Sud, de Rio de Janeiro a Lima, et de Lima au Pará; exécutée par ordre du gouvernement Francais pendant les années 1843 a 1847...Part 7, Zoologique. 2:1-112;

COPE, E. D. (1889): Synopsis of the families of vertebrata. - Amer. Natural. 23, S. 849-877;

CUVIER, M. M. B. & M. VALENCIENNES (1831): Histoire Naturelle des Poissons. Bd. 7, S. 237-239;

CVANCAR, J. (1914): Etwas über *Pterophyllum scalare* und seine Zucht. - BAT 25, S. 449-451;

DAUBERT, K. & K. M. PETERS (1956): Studie über biosphärische Einflüsse auf die Ablaichdaten bei Cichliden (Teleostei). - Zool. Anz. 156, S. 140-158;

DECKERT, K. (1967): Acrania, Chondrichthyes, Osteichthyes. In: Urania Tierreich, Bd. 4, Leipzig, Jena, Berlin;

DERIJST, E. (1988): Scalares (1, 2 u. 3). - Aquarium Wereld Nr. 3, S. 6-71; Nr. 5, S. 102-109; Nr. 7/8, S. 169-174;

DZWILLO, M. (1962): Domestikation bei Fischen. - Z. Tierzüchtg. 77, S. 172-185;

EIGENMANN, C. H. (1912): The freshwater fishes of British-Guiana, including a study of the gropping of species and the relation of the fauna of the lowland. - Mem. Carnegie Inst. 5, S. 73, 83, 521-522;

EIMEKE, W. (1912): *Pterophyllum scalare* C. & V. - WAT 9, S. 587-589;

EISEN, G. (1963): *Pterophyllum scalare*: Farbmutationen, Spielart und die auftretenden Abweichungen bei der Zucht der Rauchscalare. - DATZ 16, S. 11-14;

ELIÁS, J. & F. PODVENSKY (2002): Skalarzucht. - Aquaristik Fachmag. 34 (1), S. 110-13;

ELSTER, U. (2000): Anmerkungen zu den Artikeln über den »Grünen Perú-Skalar« von STEFFEN ROTHE in den Ausgaben 12/99 und 9/2000. - Das Aquarium Nr. 378, S. 27-29;

dgl. (2001): Fortpflanzungsverhalten von Skalaren. - DATZ 54 (12), S. 74;

ENGMANN, P. (o. J.): *Pterophyllum scalare* Cuv. et Val. - Bibl. für Aquarien- und Terrarienkunde, H. 39, Braunschweig;

ENGELMANN, W.- E. (2001): Fortpflanzungsverhalten von Skalaren. - DATZ 54 (11), S.52;

ERLANDSSON, J. & R. ERLANDSSON (1982): För första gången en lyckad odling av spetsnosscalare: Den ovanliga fisken inget problembarn! - Korall Nr.2/1982, S. 13-16;

ESCHKE, H. (1967): Siamesische Zwillinge beim Scalare. - AT 14, S. 88;

ESCHMEYER, W. N. (1990): Catalog of the Genera of recent Fishes. - California Academy of Science;

dgl. (1998): Catalog of Fishes. - Special publication No. 1 of the Center for Biodiversity Research and Information California Academy of Science (3. Bd.);

FARIAS, I., P., H. SCHNEIDER & I. SAMPAIO (1998): Molecular Phylogeny of Neotropical Cichlids: Cichlasomines and Heroines. S. 499-508. In: L. R. MALABARBA, R. S. REIS, R. P. VARI, Z. M. LUCENA & C. A. LUCENA (Ed.): Phylogeny and Classification of Neotropical Fishes. Porto Alegre;

FARIAS, I., G. ORTI & A. MEYER (2000): Total evidence: molecules, morphology, and the phylogenetics of cichlid fishes. - J. Experimental Zool. (Mol. and Dev. Evd.) 288, S. 76-92;

FORNBÄCK, S. (1996): Die Zucht des Hohen Skalars. - Aquarium heute 14(3), S. 344-349;

FRANKE, H.-J. (1965): Kritische Bemerkungen zur *Brachydanio-frankei*-Debatte. - AT 12, S. 268-174;

FREY, H. (1954): Ist *Pterophyllum scalare* ein Klippenbewohner? - AT 1, S. 36;

GEIDIS, H. (1920): Die Cichliden oder Chromiden. II. Amerikanische Cichliden. - BAT 31, S. 305-307, 339-342, 356-361;

GEIßLER, R. (1954): Das Wasser in den Tropen und in unseren Aquarien. - DATZ 7, S. 150-154;

GEORGE, R. (1954): Beobachtungen über die Widerstandsfähigkeit des Laiches von *Pterophyllum eimekei* und eine Aufzucht im Kleinen. - DATZ 7, S. 256-257;

GOLDSTEIN, R. J. (1970): Cichlids. New York;

GÖHLER, D. (1988): Seltsames Verhalten von *Pterophyllum scalare*. - AT 35(9), S. 319;

GOSSE, J. P. (1963): Description de deux Cichlides nouveaux de la Region Amazonienne. - Bull. Inst. Sci. nat. Belgique 39 (35), S. 1-7;

GRAHL, K. (1954): *Pterophyllum*, ein Bewohner der Varje. - AT 1 S. 132-133;

GRAMATKE, H. (1969): Heilung der »Lochkrankheit« bei Süß- und Seewasserfischen. - DATZ 22, S. 221-223;

GRAVENHORST, T. & J. CVANCAR (1915): Die Zucht von *Pterophyllum scalare*. - WAT 12, S. 217-219;

GROß, H. (1965): Segelflosser als »Operateur«. - AT 12, S. 176;

GROßER, L. (1939): Zuchtversuche mit *Pterophyllum eimekei*. - WAT 36, S. 51-52;

GÜNNEL, P. (1960): Der »Rote Scalar«. - AT 7, S. 376;

GÜNTHER, A. C. L. G. (1862): Catalogue of the Fishes in the British Museum. Bd. 4. London, S. 316;

dgl. (1886): Handbuch der Ichthyologie. Deutschsprachige Ausgabe von HAYEK. Wien;

HALVER, R. (1933): Mißerfolg in Scalarezucht. - WAT 30, S. 562;

HARRIS, T. W. (1835): VIII Insects. In: E. HITCHCOCK, Report on the Geology, Botany and Zoology of Massachusetts. 2. Ausg. Amherst, S. 576;

HARRIS VAN COUVERING, J. A. (1982): Fossil cichlid fish of Africa. - Special Pap. Palaeont. Nr. 29, S. 1-103;

HARRIS, T. W. (1835): VIII Insects. In : E. HITCHCOCK, Report on the Geology, Mineralogy, Botany and Zoology of Massachusetts, 2. Edition, S. 582;

HECKEL, J. (1840): Johann Natterers neue Flußfische Brasiliens. - Ann. Wien. Mus. Naturg. 2, S. 325-471;

HEILMANN, P. (1954): Scalarezucht. - DATZ 7, S. 253-255;

HENZELMANN, E. (1931): Beobachtungen und Gedanken bei der Haltung von *Pterophyllum eimekei*. - WAT 28, S. 410-412;

HE-RE-STA (1965): Die »Zoologica« importierte. - AT 12, S. 25;

HERKNER, H. (1969): »Lochkrankheit« - ein unerschöpfliches Thema. - DATZ 22, S. 344-348;

dgl. (1970): Ergänzende Beobachtungen zum Thema »Lochkrankheit«. - DATZ 23, S. 154-157;

HERMANN, M. (1957): Lautäußerungen bei *Pterophyllum*. - AT 4, S. 254;

dgl. (1965): Gattentreue bei *Pterophyllum scalare*? - AT 12, S. 321;

dgl. (1968): Wie schnell entwickeln sich junge Segelflosser? - AT 15, S. 386;

dgl. (1990): Sechs Jahre UG »Zuchtformen/ Formenzucht« in der ZAG Cichliden. - AT 37 (11), S. 416-417;

HERTER, K. (1963): Die Fischdressuren und ihre sinnesphysiologischen Grundlagen. Berlin;

HÖPFNER, B. (1947): *Pterophyllum scalare*, der ungekrönte König vom Amazonas. - Jb. Aquarien- und Terrarienfreunde. Berlin, S. 99-104;

dgl. (1949): Kleine Mitteilung. - DATZ 2, S. 80;

HOHL, D (1988): Zur Systematik der Buntbarsche Südamerikas - eine aktuelle Übersicht. - AT 35 (9), S.317; AT 35 (11), S. 379-382; AT 35 (12), S. 411-412;

HOLLY-MEINKEN-RACHOW (o. J.): Die Aquarienfische in Wort und Bild. Lfg. 41, S. 7. Stuttgart;

HOLST, E. v. (1948): Quantitative Untersuchungen über Umstimmungsvorgänge im Zentralnervensystem. I. Der Einfluß des »Appetits« auf das Gleichgewichtsverhalten von *Pterophyllum*. - Z. vergl. Physiol. 31, S. 134-148;

HORN, P. (1967): Genetische Aspekte der Zierfischzucht. - AT 14, S. 374-377;

ILG, L. (1952): Über larvale Haftorgane bei Teleosteern. - Zool. Jb. Anat. 58, S. 577-600;

INNES, W. T. (1949): Sex differences in the Scalare. - Aquarium Philad. 18, S. 204-206;

JES, H. (1969): Hinweis auf den »blauen« *Pterophyllum*. - DATZ 22, S. 31-32;

KEHL, W. (1969): Nochmals zur Entwicklung junger Segelflosser. - AT 16, S. 386-387;

KIRBY, W. (1925): Some remarks on the Nomenclature of the Gryllina of Mc.Leay, with the Character of a new genus in that tribe. - The Zool. Journal, 1, S. 429-432;

KNER, R. (1862): Über die drei Fischgattungen *Pterophyllum, Symphysodon* und *Monocirrhus* HECK. - Sitzungsber. Kaiserl. Akad. Wiss. (Wien), XLVI, S. 294-303;

KOCHETOV, A. M. (2002): Neue Skalar-Zuchtformen.- Aquaristik Fachmag. 34 (1), S. 113-114;

KOLLATSCH, D. (1965): Untersuchungen über die Biologie und Ökologie der Karpfenlaus (*Argulus foliaceus* L.). - Zool. Beitr. NF. 5, S. 1-36;

KOLLER, O. (1927): Zur Kenntnis der Verdauungsorgane von *Pterophyllum scalare*. - WAT 24, S. 215-216;

KOLTZER, I. (1952-53): Zur Anatomie von *Pterophyllum scalare*. - Wiss. Z. Univ. Halle-Wittenberg, mathem.-naturw. R. 2, S. 927-930;

KOTTELAT, M. (1997): European freshwater fishes. An heuristic checklist of the freshwater fishes of Europe (exclusive of former USSR), with an introduction for non-systematists and comments on nomenclature and conservation. - biologia 52/Suppl. 5, S. 1-271;

dgl. (1998): Systematics, species concepts and the conservation of freshwater fish diversity in Europe. - Ital. J. Zool. 65 Suppl. S. 65-72;

KRAFT, H. (1958): Das Flußmeer. Der Amazonas als Lebensraum unserer Süßwasser-Aquarienfische. - AT 5, S. 129-135;

KRESTIN, J. (1994a): Man sieht ihn nicht oft: *Pterophyllum leopoldi*. - DCG-Information 25 (4) S. 78-82;

dgl. (1994b): Das Verbreitungsgebiet der Gattung *Pterophyllum*. - DATZ 47 (11), S. 712-715;

KRÜGER, I. (1987): Nachzuchten von *Pterophyllum altum*? - DATZ 40, S. 239;

KUHN, O. (1967): Die vorzeitlichen Fischartigen und Fische. - Neue-Brehm-Büch. 384, Wittenberg, Lutherstadt;

KUHNT, M. (o. J.): Exotische Zierfische. Illustriertes Handbuch für Aquarianer. Berlin-Rangsdorf;

KULLANDER, S. O. (1986): Cichlid fishes of the Amazon river drainage of Peru. - Stockholm;

dgl. (1994): Amazonische Cichliden - jenseits der Flußbiegung. – DATZ (Sonderheft) Amazonas, S. 53-59;

dgl. (1998): A Phylogeny and Classification of the South American Cichlidae (Teleostei: Perciformes). S. 461-498. In: Malabarba, L. R.; R. E. REIS, R. P. VARI, Z. M. LUCENA, & C. A. LUCENA (Ed.): Phylogeny and Classification of Neotropical Fishes. Porto Alegre;

dgl. & H. NIJSSEN (1989): The Cichlid Fishes of Surinam, Teleostei: Labroidei. - Leiden;

KUNATH, D. (1962): Über die Verbreitung von Schreckreaktionen bei Fischen. - AT 9, S. 267-269;

LADIGES, W. (1949): Eine Diskussion über die Arten der Gattung *Pterophyllum*. - DATZ 2, S. 50-52;

dgl. (1950): Noch einmal *Pterophyllum*. - DATZ 3, S. 52-53;

dgl. (1951): Der Fisch in der Landschaft. Beiträge zur Ökologie der Süßwasserfische. Leipzig u. Jena;

dgl. (1954): Streitigkeiten um des Kaisers Bart. - AT 1, S. 133;

dgl. (1957a): Über einige Farbabweichungen bei Fischen. - DATZ 10, S. 153-156;

dgl. (1957b): Durch Dschungel und Urwald. Leipzig u. Jena;

LANYI, G. (1962): Beachtenswerte Verhaltensweisen beim Segelflosser. - AT 9, S. 42-47;

LAUTERER, F. (1955): Degeneration und Haltungsschäden. - DATZ 8, S. 138-139;

LECHLEITNER, S. (2001): Die wichtigsten Krankheiten der Diskusfische. - DATZ 54 (9), S. 29-31;

LEDERER, G. (1931): Aus meinem Tagebuch. - WAT 28, S. 574;

dgl. (1949): Zur Haltung des *Symphysodon discus* (HECKEL) mit einigen Bemerkungen über *Pterophyllum scalare* (CUV. et VAL.). - DATZ 2, 118-120;

LICHTENSTEIN, H. (1823): Verzeichniß der Doubletten des Zoologischen Museums der Königlichen Universität zu Berlin nebst Beschreibung vieler bisher unbekannter Arten von Säugethieren, Vögeln, Amphibien und Fischen. Berlin, S. 114;

LIEBERKIND, I. (1931): Über die Haftorgane bei Jungen von *Pterophyllum eimekei* E. AHL. Zool. Anz. 97, S. 55-61;

LINDE, P. (1925): Beobachtungen über die Zucht des *Pterophyllum scalare*. - WAT 22, S. 169-170;

LINKE, H. (1993): Vermehrung von *Pterophyllum altum* gelungen. - Aquarium heute 11 (10), S. 21;

dgl. (1996): Bemerkungen zum Biotop von *Pterophyllum altum*, dem König vom Orinoco. - Aquarium heute 14 (3), S. 349-350;

dgl. (2000): Ihr Hobby *Altum*-Skalare. - bede-Verlag, Ruhmannsfelden;

LOEBER, C. H. (1963): Ungewöhnliche Brutpflege bei *Pterophyllum eimekei*. - DATZ 16, S. 221;

LUCKY, Z. (1968): Anomalien und Körperdeformationen bei Fischen. - DATZ 21, S. 14-16;

LÜLING, K. H. (1961a): Fische und andere Tiere aus dem »Oriente« Perus. - DATZ 14, S. 141-144, 173-176, 206-208, 237-240, 269-272;

dgl. (1961b): Fischbeobachtungen am Rande eines Schwarzwasserflusses im peruanischen Andendistrikt. - AT 8, S. 327-335;

dgl. (1970): Fischparadies Yarina Cocha bei Pucallpa in Ostperu. - AT 17, S. 8-9, 43-45;

dgl. (1975): Ichthyologische und gewässerkundliche Beobachtungen und Untersuchungen an der Yarina Cocha, in der Umgebung von Pucallpa und am Rio Pacaya (mittlerer und unterer Ucayali, Ostperu). - Zool. Beitr. (N.F.) 21 (1), S. 29-96;

MATTHEIS, T. (1961): d-Chloronitrin als Heilmittel bei bakterieller Flossenfäule. - AT 8, S. 212;

MAYR, E. (1967): Artbegriff und Evolution. Hamburg u. Berlin;

MEIER-BÖCKE, F. (1975): *Pterophyllum altum* - der Hohe Segelflosser. - DATZ 28, S. 228-230;

MEINKEN, H. (1929): Die Importen des Jahres 1928. - Taschenkalender f. Aquarien- u. Terrarienfreunde S. 24-72;

MEINKEN, H. (1970): Die »Lochkrankheit« und ihre möglichen Ursachen. - AT 17, S. 386-387;

MENAUER, N. (1996): Flagellatenfreie Diskusaufzucht. - DATZ-Sonderheft Diskus, S. 46-47;

MIEBACH, D. (1964): Lautäußerungen bei *Pterophyllum eimekei*. - AT 11, S. 104;

MITSCHKE, H. (1962): Gibt es verschiedene *Pterophyllum*-Arten? - AT 9, S. 239;

MÖNNIG, W. (1948): *Pterophyllum eimekei* AHL, Beobachtungen bei der embryonalen Entwicklung. - DATZ 1, S. 32-34;

MÜLLER, J. (1839): Vergleichende Anatomie der Myxinoiden. 2. Abschnitt: Vom Gefäßsystem der Nebenkiemen und accessorischen Athemorgane und von der Natur der Nebenkiemen der Fische. - Abh. Ak. Wiss. Berlin, Physik.-mathem. Kl., S. 250;

dgl. (1844): Über den Bau und die Grenzen der Ganoiden und über das natürliche System der Fische. - ebd., S. 117-216;

MUTH, K. W., B. HÖPFNER & W. LADIGES (1949): Zur *Pterophyllum eimekei*-Frage. - DATZ 2, S. 80-81;

MYERS, G. (1940): Suppression of some preoccupied generic names of Fishes (*Kesseeria, Entomolepis, Pterodiscus* und *Nesiotes*), with a note on *Pterophyllum*. - Stanford Ichth. Bull. 2 (1), S. 35-36;

MYRBERG, A. A., E. KRAMER & P. HEINECKE (1965): Sound production by Cichlid Fishes. - Science 149, S. 555-558;

NEAVE, S. A. (1940): Nomenclator Zoologicus. A list of the names of genera and subgenera in zoology from the tenth edition of LINNAEUS 1758 to the end of 1935. 3 (M-P), London, S. 1028;

NEEF et al. (1962): Das Gesicht der Erde. Leipzig;

NEUMANN, M. (1992): *Pterophyllum scalare* - ein alter Bekannter unter den Cichliden. - DATZ 45 (8), S. 539;

NEUMANN, R. (1958): So züchte ich *Pterophyllum scalare*. - AT 5, S. 33-36;

OSEWOLD, T. & K. FIEDLER (1968): Die Wirkung von Säuger-Prolactin auf die Schilddrüse des Segelflossers *Pterophyllum scalare* (Cichlidae, Teleostei). - Z. Zellforsch. 91, S. 617-632;

OTT, G. (1971): Zum Verhalten des Großen Segelflossers, *Pterophyllum scalare* in der Gefangenschaft. - DATZ 24, S. 227-229;

PAEPKE, H.-J. (1965): Zum Putzverhalten der Segelflosser. Arbeitsmaterial der ZAG »Cichliden« im Dtsch. Kulturbund, H. 4, S. 12-14;

dgl. (1968): Zum Einfluß des Lichtfaktors auf die Rangordnung von Fischen. - AT 15, S. 16-17;

dgl. (1979, 1981, 1985): Segelflosser, die Gattung *Pterophyllum*. - Die Neue Brehm-Bücherei, H. 519, Wittenberg Lutherstadt (1.-3. Aufl.);

dgl. (1984): *Pterophyllum dumerilii* - ein neuer Segelflosser in der DDR. - AT 31 (7), S. 233-236;

dgl. (1996): *Pterophyllum leopoldi* GOSSE, 1963 - seine Pflege und Zucht. - Vereinsheft d. Aquaristikfachgr. »Lotos« Cottbus 4 (2/3), S. 23-26;

dgl. (2002) *Pterophyllum* - die Geschichte eines alten Namens. Aquaristik Fachmagazin & Aquarium heute, 34 (1), S. 4-5;

dgl. & I. SCHINDLER (2002): Zur Erstbeschreibung von *Pterophyllum scalare* (Pisces, Cichlidae). - Mitt. Mus. Nat.kd. Berl., Zool. Reihe 78 (1), S. 177-182;

PARKER, W. (1959): The new Blacklace Veiltail Angelfish. - TFH 7, S. 48-52;

PEDERZANI, H. A. (1970): Neue Zuchtformen von Segelflossern. - AT 17, S. 174;

PELLEGRIN, J. (1903a): Description de Cichlides nouveaux de la collection du Museum. - Bull. Mus. His. nat. Paris 9, S. 120-125;

dgl. (1903b): Contribution a l'etude anatomique, biologique et taxonomique des poissons de la famille des Cichlides. - Mém. Soc. zool. France 16, S. 41-400;

PETZOLD, H. G. (1969): Zu Fragen der Domestikation. - Biol. Schule 1 (1969), S. 1-6;

PINTER, H. (1967a): Umweltfaktoren und Brutverhalten. - DATZ 20, S. 109-113;

dgl. (1967b): Natürliche Nachzuchten bei Segelflossern (*Pterophyllum scalare*). - DATZ 20, S. 291-294;

dgl. (1969): Ist die natürliche Nachzucht an Pflanzen laichender Cichlidenarten schwierig? - AT 16, S. 115-117;

dgl. (1993): »Licht und Scheffel«. - DATZ 46 (4), S. 262-264;

PLÖSCH, T. (1994): Rezension: Erfolg mit Skalaren. - DATZ 47 (4), S. 269;

PRAETORIUS, W. (1932a): Wie lebt der König in seiner Heimat? - WAT 29, S. 434-435;

dgl. (1932b): Schwitzen oder frieren unsere Aquarienfische? - WAT 29, S. 534-535;

dgl. (1935): Wasserpflanzen des Amazonas und seiner Nebenflüsse. - WAT 32, S. 774-776;

PROEWIG, F. (1968): Schwarze Kampffische und Schwarze Scalare. - DATZ 21, S. 32;

RAHN, G. (1996a): Künstliche Aufzucht - eine Möglichkeit, Diskus von der »Geisel der Flagellaten« zu befreien. - DATZ-Sonderheft Diskus, S. 42-45;

dgl. (1996b): Kiemenwürmer - eine neue Behandlungsmethode mit Formalin. - DATZ-Sonderheft Diskus, S. 48-51;

dgl. (2001a): Missbildungen bei Diskusfischen. - DATZ 54 (9), S. 16-19;

dgl. (2001b): Kupfervergiftungen durch Leitungswasser. - DATZ 54 (9), S. 20-21;

dgl. (2001c): Gefahren durch Verfüttern von Granulaten? - DATZ 54 (9), S.22-23;

RANDOW, H. (1959): Zur Ernährung tropischer Süßwasserfische in ihrem Heimatgebiet. - DATZ 12, S. 126;

RAUSCHENBACH, W. (1963): Putzsymbiose bei Cichliden. - AT 10, S. 211;

REGAN, C. T. (1906): A revision of the fishes of the South-American Cichlid genera *Cichla, Chaetobranchus,* and *Chaetobranchopsis,* with notes on the genera of American Cichlidae. - Ann. Mag. Nat. Hist. (7), 17, S. 230-239;

REICHENBACH-KLINKE, H. H. (1951): Eine schwer erkennbare Ichthyophonuserkrankung bei *Pterophyllum*. - DATZ 4, S. 39-41;

dgl. (1954): Erblindung der Fische und ihre Ursachen. - DATZ 7, S. 231-235;

dgl. (1960): Die Diskuskrankheit und ihre Ursachen. - DATZ 13, S. 303-305;

dgl. (1970): Grundzüge der Fischkunde. Jena;

dgl. & W. KÖRTING (1993): Krankheiten der Aquarienfische. - 4. Aufl., Eugen Ulmer Verlag, Stuttgart;

REIZIG, W. (1970): Trypaphlavin. - DATZ 23, S. 378-380;

REUTER, F. (1911 ff.): Die fremdländischen Zierfische in Wort und Bild. - Stuttgart;

RICHTER, H.-J. (1977): Der »Spätentwickler« Pflege und Zucht des Gelben Skalars. - AM 11, S. 120-125;

RITSCHL, O. (1917): Beobachtungen an *Pterophyllum scalare* im Aquarium. - WAT 14, S. 409-411, 418-421;

ROTHE, S. (1999): Ein »neuer« Skalar aus Peru. - Das Aquarium, Nr. 366, 33(12), S. 6-9;

dgl. (2000): Neues vom Grünen Peru-Skalar. - Das Aquarium, Nr. 375, 34 (9), S.6-8;

dgl. (2001): Neues vom Grünen Peru Skalar. - Das Aquarium Nr. 384, 35 (6), S. 4-6;

SABELINSKY, M. A. (1954): Der Amazonasfisch *Pterophyllum scalare*. - AT 1, S. 36-39;

SCHÄPERCLAUS, W., H. KULOW & K. SCHREKKENBACH (1979): Fischkrankheiten. Berlin;

SCHINDLER, I. (2001a): Anmerkungen zur Artberechtigung von *Pterophyllum eimekei* AHL, 1928. - DCG-Informationen 32 (4), S. 73-78;

dgl. (2001b): Zur Identifizierung und Verbreitung von *Pterophyllum leopoldi*. - DCG-Informationen 32 (8), S. 186-188;

dgl. (2002a): Ökomorphologische Differenzierung zweier syntoper *Pterophyllum*-Arten. - DCG-Informationen 33 (12), S. 278-283;

dgl. (2002b): Variation in der Körperhöhe von *Pterophyllum scalare*. - Z. f. Fischkd. (im Druck);

SCHMIDT, W. (1957): Erlebnisse mit *Pterophyllum scalare*. - DATZ 10, S. 61-62;

SCHMIDT-FOCKE, E. (1973): Wiederentdeckt: Der Hohe Segelflosser, Neuimporte von *Pterophyllum altum*. - AM 7, S. 82-83;

SCHMITZ, S. (1970): Goldene Skalare. - DATZ 23, S. 352;

SCHOLL, A. & S. HOLZBERG (1972): Zone elektrophoretic studies on lactate dehydrogenase isoenzymes in south american Cichlids (Teleostei, Percomorphi). - Experientia 28, S. 489-491;

SCHOLLMEYER, H. (1954): Meine Scalare-Zucht. - DATZ 7, S. 218;

SCHREITMÜLLER, W. (1926): *Pterophyllum* (?) *altum*. - WAT 23, S. 177-178;

SCHRÖDER, J. H. (1966): Die Aggression und ihre erbliche Veränderung beim Zebrabuntbarsch (*Cichlasoma nigrofasciatum*). - AM H. 9, S. 376-381;

dgl. (1968): Fische als Objekte der Mutationsforschung. - AT 15, S. 10-13;

dgl. (1969): Erblicher Pigmentverlust bei Fischen. - AT 16, S. 272-274;

SCHUBERT, G. (1966): Woran sterben unsere Diskus? - DATZ 19, S. 82-95;

SCHULTZ, L. P. (1953): Know your Angelfishes? - TFH 1, S. 11;

dgl. (1967): Review of South American freshwater Angelfishes - genus *Pterophyllum*. - Proc. U. S. Mus. (Smiths. Inst.), Nr. 3555 (120), S. 1-10;

SCHULZ, H. (1959): A fishing trip to the Urubu River, lower Amazon. - TFH 7, S. 8-22;

SCHULZE, F. E., W. KÜKENTHAL & K. HEIDER (1926-1954): Nomenclatur animalium generum et subgenerum. 4 (N-P), S. 2951 (1935): Berlin;

SIEGRIST, A. (1993): Zucht von *Pterophyllum altum* gelungen. -DATZ 46 (10), S. 620-621;

STAECK, W. (1982): Segelflosser und Flaggenbuntbarsche - vor Ort beobachtet. - AM 5, 290-293;

dgl. (1996): Wasserwerte zur Ableitung von grenzwerten chemischer und physikalischer Parameter des Wassers für die artgemäße Haltung von Aquarienfischen. - DATZ 59 (5), S. 295-300;

dgl. (2001a): Neue Zuchtformen vom Segelflosser. - Aquarium heute 19 (2), S. 7;

dgl. (2001b): Wer weiß was über Skalare? - Tetra Verlag, Bissendorf;

dgl. (2002a) Die natürlichen Lebensräume des Skalar. - Aquaristik Fachmagazin & Aquarium heute, 34 (1), S. 6-9;

dgl. (2002b): Zuchtformen vom Skalar. - ebenda S. 14-18;

STALLKNECHT, H. (1966): Eine neue Mutante des Segelflossers. - AT 13, S. 386;

dgl. (1969): So züchtet man Zierfische. Leipzig, Jena u. Berlin;

dgl. (1972): *Pterophyllum scalare* (LICHTENSTEIN 1823), der Segelflosser. - AT 19, S. 151-252;

dgl. (1976): AT-Umschau. - AT 23, S. 279;

dgl. (1992): Inzucht? - DATZ 45 (4), S. 210-211;

dgl. (1993): Doch Verhaltensabbau durch langjährige künstliche Zucht? - DATZ 46 (3), S. 201;

STAWIKOWSKI, R. (1994): Lebensraum Amazonas. – DATZ Sonderheft Amazonas, S. 5-9;

dgl. & U. WERNER (1998): Die Buntbarsche Amerikas (Bd. 1). - Verl. Eugen Ulmer, Stuttgart;

STEINBACH, G. (1961): Meine Bekanntschaft mit Scalaren. - AT 8, S. 97-99;

STEINDACHNER, F. (1875): Beiträge zur Kenntnis der Cromiden des Amazonenstromes. - SB. Ak. Wiss. Wien 71, S. 61-150;

dgl. (1879-1882): Beiträge zur Kenntnis der Flußfische Südamerikas. - Denkschr. Ak. Wiss. Wien 41, Sonderdruck;

STERBA, G. (1959): Über eine Mutation bei *Pterophyllum eimekei*. - Biol. Zbl. 78, S. 322-333;

dgl. (1987): Süßwasserfische der Welt. Leipzig, Jena, Berlin;

STIASSNY, M. L. J. (1991): Phylogenetic intrarelationships of the family Cichlidae: an overview. - In: M. H. A. KEENLEYSIDE (Ed.): Cichlid Fishes: Behaviour, ecology and evolution. Chapman Hall, London;

dgl. (1993): What is a Cichlid? - TFH, Nov. 1993, S.141-146;

dgl. & J. S. JENSEN (1987): Labroid intrarelationships revisited: morphological complexity, `key innovations´, and the study of comparative diversity. - Bull. Mus. Comparat. Zool. 151 (5), S. 269-319;

SUWOROW, J. K. (1959): Allgemeine Fischkunde. Berlin;

SZYMANSKI, K. (1997): Salvador und Rio Tapajós. - DATZ 50 (2), S.100-102 u. 160-163;

TAENZER, R. (1914): Einige Beobachtungen an *Pterophyllum scalare*. - BAT 25 (26), S. 229-230;

TANNERT, R. (1927): Der Zwergscalare. - WAT 24, S. 340-343;

THOMAS, K. (1934): Pflege und Zucht des *Pterophyllum scalare*. - WAT 31, S. 676-677;

TROCHANIS, S. (1958): The new Veil Angelfish. - TFH 7 (1), S. 12 u. 68;

UNTERGASSER, D. (1996): Gesunde Diskus. - DATZ-Sonderheft Diskus, S.32-38;

VEEH, H. (1958): Noch einmal Anomalien bei Scalaren. - DATZ 11, S. 157-158;

VIERKE, J. (1970): Beobachtungen an brutpflegenden Segelflossern *Pterophyllum scalare*. - AT 17, S. 418-420;

VOGT, D. (1954): Geschlechtsmerkmal bei *Pterophyllum scalare*. - AT 1, S. 125;

dgl. (1955): Geschlechtsmerkmal bei *Pterophyllum scalare*. - AT 2, S. 95;

dgl. (1967): Revision der Gattung *Pterophyllum*. - DATZ 20, S. 382;

VORDERWINKLER, W. (1963a): Pink Elefants? No, pink Angelfishes! - TFH 11, S. 72-76;

dgl. (1963b): Der erste Albino-Skalare und eine weitere Neuheit: Der marmorierte Skalare. - Trop. Fische 3, S. 338-349;

dgl. (1965): The Conles Blushing Angelfish. - TFH 13, S. 5-9;

dgl. (1966): TFH 14 (7), S. 69;

WACHTEL, H. (1993): Doch Verhaltensabbau durch langjährige künstliche Zucht? - DATZ 46 (3), S. 200;

WALSCHAERTS, L. (1987): Catalogue des types de poisson recents de l'Institut Royal des Sciences naturelles de Belgique. Documents de Travail Nr. 40, S. 1-67;

WENGER, A. (1970): Eine eigentümliche Damenwahl bei *Pterophyllum scalare* - DATZ 23, S. 14-15;

WHITLEY, G. P. (1951): New Fishnames and Records. - Proc. Royal Zool. Soc. New South Wales for the Year 1949/50, S. 61-68;

WICKLER, W. (1956): Der Haftapparat einiger Cichlideneier. - Z. Zellforsch. 45, S. 304-327;

dgl. (1957): Das Ei und die Embryonalentwicklung bei Fischen. - Mikrokosmos 46 (10), S. 217-220;

dgl. (1959): Über die erste Schwimmblasenfüllung bei Cichliden (Pisces, Acanthopterygii). - Naturw. Berlin 94;

dgl. (1970): Stammesgeschichte und Ritualisierung. München;

WIEGAND, G. (1974): So züchtete ich Segelflosser. - AT 21, S. 118-120;

WOODWARD, A. S. (1939): Tertiary Fossil Fishes from Maranhão, Brazil. - Ann. Mag. Nat. Hist. (11) 3, S. 450-453.

8 Register